CLEMENS G. ARVAY

Die Naturgeschichte des Immunsystems

Weitere Titel des Autors

Wir können es besser. Wie Umweltzerstörung die Corona-Pandemie auslöste und warum ökologische Medizin unsere Rettung ist

Corona-Impfstoffe: Rettung oder Risiko?

In Zukunft selbstversorgt, zusammen mit Alessandra Moog

Über den Autor:

Clemens G. Arvay war Biologe, Autor mit dem Schwerpunkt Gesundheitsökologie und Doktorand am Institut für Biologie der Universität Graz. Mit seinem Bestseller DER BIOPHILIA-EFFEKT hat er das erste deutschsprachige Buch über Waldmedizin verfasst. Er erforschte die Bedeutung kranker und gesunder Ökosysteme für den Menschen und untersuchte, wie die Natur bei der Behandlung von Patienten helfen kann. Er war außerdem im renommierten österreichischen Forum Wissenschaft & Umwelt (FWU) für den Bereich »Biodiversität und Gesundheit« zuständig. Im Februar 2023 ist Clemens G. Arvay überraschend im Alter von 42 Jahren gestorben. Er hinterlässt ein umfangreiches Werk mit vielen wichtigen und vielfach gelesenen Büchern, darunter: DER GROSSE BIO-SCHMÄH, DER HEILUNGSCODE DER NATUR, MIT DEN BÄUMEN WACHSEN WIR IN DEN HIMMEL, WIR KÖNNEN ES BESSER und CORONA-IMPFSTOFFE: RETTUNG ODER RISIKO?

CLEMENS G. ARVAY

Die Naturgeschichte des Immunsystems

Mit Illustrationen von Mira Schmidt

QUADRIGA

Die Bastei Lübbe AG verfolgt eine nachhaltige Buchproduktion. Wir verwenden Papiere aus nachhaltiger Forstwirtschaft und verzichten darauf, Bücher einzeln in Folie zu verpacken. Wir stellen unsere Bücher in Deutschland und Europa (EU) her und arbeiten mit den Druckereien kontinuierlich an einer positiven Ökobilanz.

FSC
www.fsc.org
MIX
Papier | Fördert gute Waldnutzung
FSC® C014496

Vollständige Taschenbuchausgabe
der bei Bastei Lübbe erschienenen Hardcoverausgabe

Umschlaggestaltung: © Christl Glatz | Guter Punkt, München
Einband-/Umschlagmotiv: © Dmytro Synelnychenko/iStock/Getty Images Plus; MorePics/iStock/Getty Images Plus (2); marinavorona/Adobe Stock (2); Val_Iva/iStock/Getty Images Plus; Jeanna Draw/iStock/Getty Images Plus; Pimpay/iStock/Getty Images Plus
Satz: two-up, Düsseldorf
Gesetzt aus der Sina Nova
Druck und Verarbeitung: GGP Media GmbH, Pößneck

Printed in Germany
ISBN 978-3-404-07008-4

1 3 5 4 2

Sie finden uns im Internet unter quadriga-verlag.de
Bitte beachten Sie auch: lesejury.de

Inhalt

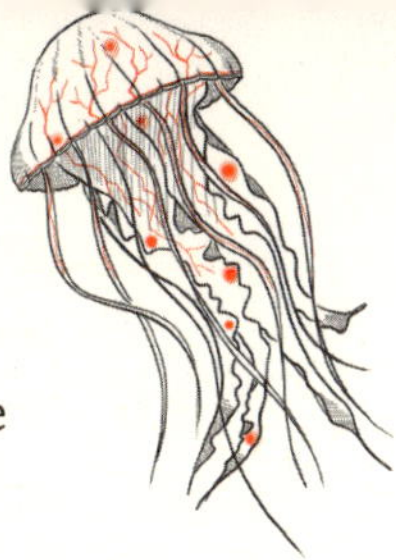

PROLOG

Das Buch der Naturgeschichte

Die großen literarischen Werke der Menschheit – Bibel, Koran oder Charles Darwins gesammelte Standardwerke über die Entstehung der Arten und die Abstammung des Menschen – umfassen jeweils ungefähr eintausend Seiten.

Stellen wir uns vor, die gesamte 4,6 Milliarden Jahre umspannende Naturgeschichte der Erde läge in einem Buch mit diesem Umfang vor uns. Dann fänden wir auf den ersten 240 Seiten nur Schilderungen über einen Planeten ohne Leben, auf dem sich über Äonen hinweg Ozeane, Berge und allmählich aus atmosphärischem Chaos ein stabiles Klima entwickelte.

Blättern wir dieses Buch weiter durch, dann kommen in unserer tausend Seiten umfassenden Erzählung ab Seite 241 die ersten lebendigen Protagonisten ins Spiel. Das waren frühe Bakterien, genannt »Urbakterien« oder »Archebakterien«. Die moderne Biologie nennt sie *Archaeen*. Mit ihnen begann vor 3,5 Milliarden Jahren auch die Naturgeschichte des Immunsystems, denn sie mussten sich vor schädlichen Umwelteinflüssen zu schützen lernen und dafür Abwehrmechanismen entwickeln.

Die ersten Landpflanzen, repräsentiert durch Moose, werden auf Seite 890 zu einem Teil unserer Erzählung. Kurz danach eröffnet ein urtümlicher Fisch in der Tiefe des

Meeres auf Seite 900 das Kapitel der Antikörper und wird als Pionier des adaptiven Immunsystems zu einem epochalen Helden unserer naturgeschichtlichen Erzählung.

Auf Seite 950 erblüht die erste Pflanze, denn die Entwicklung der Blütenpflanzen begann vor ungefähr 200 Millionen Jahren. Die Erzählung über die Abenteuer der Dinosaurier beginnt ebenfalls an dieser Stelle, um auf Seite 985 mit feuerspeienden Vulkanen und einem donnernden Meteoriteneinschlag abrupt wieder zu enden.

Zuvor breitet ein Urvogel auf Seite 967 seine Schwingen aus, um sich in die Lüfte zu erheben, der Katastrophe zu entrinnen und seiner gefiederten Sippe eine Zukunft zu eröffnen. Wäre dieses Getier nicht aus der Asche der Dinosaurier gestiegen, gäbe es heute keine Vögel am Himmel und die B-Zellen unseres Immunsystems wären anders benannt worden. Denn diese wurden zum ersten Mal in Vögeln entdeckt – in einem Organ, das als *Bursa* bekannt und für die B-Zellen namensgebend ist.

Auf Seite 934 bevölkern Kreaturen unsere Geschichte, die den Säugetieren bereits sehr ähnlich sehen und sich bald unter Dinosaurier mischen. Die ersten echten Säuger, die vor ungefähr 200 Millionen Jahren auf der Erde lebten, betreten etwa 20 Buchseiten später die literarische Bühne. Der älteste durch Fossilfunde gut bekannte Säuger ähnelte den Beuteltieren. Sein Auftritt in unserem Buch mit tausend Seiten findet auf Seite 967 gemeinsam mit dem Flug des Urvogels statt.

Auf Seite 985 streifen die ersten Primaten durch die Urwälder unserer erzählten Welt. Nur zwei Seiten vor dem Ende des Buches, auf Seite 998, bewegen sich schließlich

die Menschenaffen, teilweise aufrecht gehend, durch den Dschungel. Im letzten Absatz auf Seite 1000 des Buches blickt uns dann der erste Vertreter unserer eigenen Gattung, ein Angehöriger des *Homo erectus*, aufrecht in die Augen.

Erst die letzten Zeilen des Buches befassen sich mit der rund 300 000 Jahre alten, in Afrika geborenen Spezies *Homo sapiens*, die vor 250 000 Jahren den Süden Europas erreichte. Und ganz am Ende werden Sie, verehrte Leserin und verehrter Leser, Teil der Erzählung. Der allerletzte Satz unseres tausendseitigen Werks beschreibt, wie Sie das Buch aufschlagen, das sie gerade in den Händen halten, und mit der Lektüre beginnen.

Wenn auch unser Auftritt in einem solchen Buch der Naturgeschichte erst ganz am Ende dieser Erzählung stattfindet, so hat doch alles, was auf den mehr als 999 Seiten zuvor passiert ist, zu unserer Existenz in der Geschichte geführt. Wir sind nicht nur Kulturwesen, sondern auch Naturwesen. Und alles, was uns als Menschen ausmacht, eben auch unser Immunsystem, ist in die jahrmillionenlange Naturgeschichte unseres Planeten und des irdischen Lebens eingebunden und aus ihr hervorgegangen. Wir sind Teil der Gemeinschaft der Säugetiere, und deshalb ähneln auch unsere Abwehrfunktionen jenen der anderen Säugetiere. Aber wir werden sehen, dass uns auf der biologischen Ebene auch einiges mit Lebewesen wie den Quallen oder Manteltieren verbindet, die im Stammbaum des Lebens weit von uns entfernt eingetragen sind. Willkommen zu unseren Betrachtungen der faszinierenden Naturgeschichte des Immunsystems, die voller Überraschungen steckt.

Eine immunbiologische Spurensuche

Über das Immunsystem wurden bereits viele Bücher geschrieben. Die meisten von ihnen behandeln überwiegend *Wie-Fragen,* die zum Beispiel so klingen: Wie läuft die Bildung von Antikörpern gegen Viren, Bakterien und andere Pathogene ab? Wie spüren unsere Abwehrkräfte Krankheitserreger oder potenzielle Krebszellen auf und entfernen sie aus dem Körper? Wie kommuniziert unser Immunsystem mit dem Nervensystem? Wie beeinflusst die Psyche unsere Immunfunktionen und umgekehrt? Wie wirken sich die Mikroorganismen des Darms auf unsere Gesundheit aus?

All das sind Fragen, die auf die »einfachen Probleme« der Immunbiologie abzielen. Ich möchte damit nicht behaupten, dass es sich um banale Fragestellungen handelt, die leicht und mühelos zu beantworten seien. Alle diese klassischen Wie-Fragen sowie die Antworten, die man darauf geben kann, sind ohne Zweifel unerlässlich für die wissenschaftliche Erforschung von Krankheit und Gesundheit und erfordern ein fundiertes Fachwissen sowie hoch spezialisierte Forschungsmethoden und Experimente.

»Einfach« sind die Wie-Fragen lediglich im Vergleich zu den großen *Warum-Fragen,* die sich auf die »schwierigen Probleme« der Immunbiologie beziehen. Das sind jene, die uns zu einem umfassenden und tiefen Verständnis des komplexen Immunsystems führen. Hier eine Kostprobe davon, wie immunbiologische Warum-Fragen gestellt werden können: Warum besitzen wir die Fähigkeit, Antikörper gegen Viren oder Bakterien zu bilden? Warum ist unser Immunsystem in der Lage, Krankheitserreger aufzuspüren und zu eliminieren? Warum kommuniziert unser Immunsystem mit dem Nervensystem? Warum beeinflussen psychische Vorgänge unsere Immunfunktionen und umgekehrt? Warum spielt das Mikrobiom im Darm eine wesentliche Rolle bei der Abwehr von Infektionskrankheiten und der Gesunderhaltung des gesamten Organismus?

Wann immer wir eine Frage stellen, die mit dem Wort »Warum« beginnt, wollen wir den Dingen *auf den Grund* gehen. In der Biologie bedeutet das, dass wir uns der Evolution zuwenden müssen. Keine immunbiologische Warum-Frage lässt sich beantworten, ohne sich damit zu befassen, wie es im Laufe der Naturgeschichte des Lebens zu bestimmten Notwendigkeiten, Entwicklungen, Anpassungen und dadurch zu bahnbrechenden evolutionären Neuerungen gekommen ist, die sich bis heute gehalten haben und bei unterschiedlichen Familien, Gattungen und Arten von Lebewesen zu finden sind. Um die Warum-Fragen der Immunbiologie zu beleuchten, müssen wir bis in vergangene Erdzeitalter zurückblicken.

In diesem »Warum?« steckt also eine Reihe anderer Fragen der folgenden Art: Wodurch kam es im Laufe der Naturgeschichte zu bestimmten Anpassungen und evolutionären »Erfindungen«, zu Meilensteinen und Durchbrüchen in der Entwicklung der Immunsysteme verschiedener

Lebensformen? Wie kam es zum ersten Mal in der Geschichte des Lebens zum Auftreten von Antikörpern? Welche Lebensformen waren die Pioniere dieser Neuerungen, die heute noch im menschlichen Immunsystem verwirklicht sind? Welche Konsequenzen hat die naturgeschichtliche Vergangenheit unserer Abwehrfunktionen für die Beziehung zu unserer Umwelt, den natürlichen Lebensräumen und der gesamten Biodiversität, also zur Arten- und Naturvielfalt, mit der wir durch unsere evolutionäre Vergangenheit biologisch verwoben sind? Diesen komplexen und vielschichtigen, eben »schwierigen Problemen« der Immunbiologie können wir uns nur nähern, indem wir den Dingen naturgeschichtlich auf den Grund gehen.

In den vor Ihnen liegenden Kapiteln dreht sich alles um das große »Warum« des Immunsystems. Eine Naturgeschichte des Immunsystems aber hat sich folglich nicht nur mit dem menschlichen Immunsystem, sondern auch mit jenem in fremdartigen Organismen von den Einzellern über die Pflanzen bis zu den Tieren zu befassen. Aus der Betrachtung der Entwicklungsgeschichte vielfältiger Lebensformen erwächst das tiefere Verständnis unserer eigenen Abwehrkräfte, denn wir befinden uns in einer evolutionären Entwicklungslinie mit anderen Gattungen und Arten.

Diese Abstammung reicht zurück bis zu urzeitlichen Einzellern als Vorfahren aller Lebewesen. Sogar Bakterien, von denen einige im menschlichen Organismus selbst zu Pathogenen werden können, verfügen häufig über ein einfaches Immunsystem. Mikroskopisch kleine Einzeller wie Amöben, die frei im Wasser leben oder Kolonien bilden, schützen sich durch effiziente Abwehrfunktionen vor äußeren Einflüssen. Beispielsweise bilden sie mikroskopisch kleine Netze, mit denen sie Bakterien und Viren abtöten. Dieselbe Strategie setzen unsere Immunzellen, etwa die natürlichen Killerzellen, im Kampf gegen Krankheitserreger ein.

Amöben sind in der Lage, sich die bakteriellen Erreger »einzuverleiben« und zu verdauen, ähnlich wie die Fresszellen der angeborenen Immunsysteme von Menschen und vielen Tieren. Amöben sind also evolutionäre Vorläufer unserer Fresszellen, und doch können sie auch selbst zu Krankheitserregern werden und Menschen sogar den Tod bringen. Sie sind in der Lage, Entzündungen des Gehirns und der Gehirnhäute auszulösen, die sogenannte Amöben-Enzephalitis. Eine Infektion des Magen-Darm-Trakts, genannt Amöben-Ruhr, geht ebenfalls auf diese naturgeschichtlich sehr alten einzelligen Lebensformen zurück.

Dieses Buch befasst sich nicht nur mit der Naturgeschichte des Immunsystems selbst, sondern auch mit dessen evolutionären Wechselbeziehungen zu anderen Organismen – Krankheitserregern, Parasiten oder Symbionten. Die letztgenannte Gruppe, die Symbionten, spielte während der gesamten Naturgeschichte des Immunsystems eine wichtige Rolle. Korallen, Quallen, Süßwasserpolypen und Seeanemonen – sie alle gehören zu den Nesseltieren – beherbergten in ihrem Organismus bereits vor mehr als 500 Millionen Jahren einzellige Algen, die sie zu ihrem gesundheitlichen Nutzen kultivierten. In ihrer Verdauungshöhle, einer naturgeschichtlich gesehen einfachen Frühform unserer Magen-Darm-Organe, siedelten sich Einzeller an und beteiligten sich an der Verdauung und Aufbereitung der Nahrung sowie an grundlegenden Funktionen der Gesunderhaltung. In dieser symbiotischen Tradition des Lebens steht auch unser Mikrobiom im Darm, das für die Funktion unseres Immunsystems eine wichtige Rolle spielt: Mikroorganismen werden hier zu einem funktionellen Teil unserer Abwehrkräfte. Mittlerweile erforscht die Wissenschaft neben Bakterien auch zahlreiche Viren als wichtige evolutionäre Symbionten, die unserem Wohlergehen dienen. In diesem Zusammenhang ist vom »Virobiom« oder »Virom« die Rede. Auch diese evolutionäre Tradition wurde vor Jahrmillionen von scheinbar primitiven Lebensformen begründet.

Der Zusammenhang zwischen Nerven- und Immunsystem ist, außer bei uns Menschen, auch bei vielen anderen Lebensformen zu finden und lässt sich entwicklungsgeschichtlich ebenfalls bis zu den bereits genannten Nesseltieren zurückverfolgen. Diese sind nämlich »Pioniere des Nervensystems«. Sie sind die ältesten mehrzelligen Lebensformen mit einem einfachen Nervennetzwerk. Schon bei diesem uralten Tierstamm beeinflusste das Nervensystem das Immunsystem und umgekehrt. Die biologischen Phänomene, welche die Psychoneuroimmunologie untersucht, also das gegenseitige Wechselspiel des Nervensystems und der Psyche mit dem Immunsystem, nahmen vor über 500 Jahrmillionen mit dem Auftreten der Nesseltiere auf der Weltbühne ihren Anfang.

Nesseltiere sind darüber hinaus auch Pioniere der *Hintergrundimmunität.* Das ist das angeborene Immunsystem, das auf der Aktivität evolutionär erprobter Abwehrzellen und Immunproteine beruht. Es kommt noch ohne die Bildung von Antikörpern und anderen erworbenen Immunfunktionen aus. Bei uns Menschen und anderen Säugetieren ebenfalls zu finden, blickt diese lebenswichtige Hintergrundimmunität auf eine lange Naturgeschichte zurück, die mehr als 500 Millionen Jahre andauert und nicht nur bei Nesseltieren, sondern quer durch das gesamte Tierreich zu finden ist – sogar bei Insekten. Die Erforschung wichtiger Funktionen der Hintergrundimmunität an Taufliegen und Zebrafischen hat beispielsweise auch zu bahnbrechenden neuen Erkenntnissen in der Humanmedizin geführt. Dazu gehören unter anderem Mechanismen, bei denen Zellen des Immunsystems krank machende Bakterien erkennen und die Erreger anschließend »auffressen«. Dieser Vorgang wird Phagozytose genannt.

Noch grundlegendere Funktionen der Hintergrundimmunität, die auch in uns Menschen am Werk sind, wurden sogar in Pflanzen nachgewiesen. Dazu zählt unter anderem der programmierte Zelltod. Das ist eine Art zellulärer »Reinigungsprozess«, bei dem alternde Zellen, deren Funktion sich verschlechtert und die zu einer potenziellen Krebsgefahr führen, aus eigener Motivation absterben, abgebaut werden und Platz für neue Zellen machen. Auch Viren wurden erstmals in Pflanzen entdeckt. Immunproteine, die Krankheitserreger erkennen und eine Immunreaktion auslösen können, sind bei den pflanzlichen Lebensformen ebenfalls gut erforscht. Das sind alles Vorgänge, die im menschlichen Organismus in vergleichbarer Form wie bei Pflanzen zu den grundlegenden, permanent ablaufenden gesundheitsschützenden Funktionen gehören.

Im Diskurs über Infektionskrankheiten, um ein Beispiel zu nennen, wird die Hintergrundimmunität unseres angeborenen Immunsystems, die schon beim ersten Erregerkontakt einen Schutzwall aufbaut, häufig vernachlässigt. Doch ist diese Hintergrundimmunität bei vielen ansteckenden Krankheiten ausschlaggebend dafür, ob eine Infektion abgewehrt werden kann oder nicht beziehungsweise ob sie einen milden oder schweren Verlauf nimmt. Auch bei der Abwehr von Krebserkrankungen spielt sie eine zentrale Rolle. Indem dieses Buch auf die lange Naturgeschichte der Hintergrundimmunität zurückblickt, wird deutlich, warum unsere Immunfunktionen und unser Gesundheitszustand signifikant von Umweltfaktoren und dem Zustand unserer Lebensräume abhängen – ebenso wie von unserer psychischen und neurologischen Verfassung, unserer Ernährung und vielen anderen Faktoren des Lebensstils.

Doch auch das erworbene oder *adaptive Immunsystem* mit seinen Antikörpern und den T-Zellen, die über ein immunbiologisches Gedächtnis verfügen, blickt auf eine beachtliche Entwicklungsgeschichte zurück. Es war vermutlich ein urzeitlicher Fisch mit mächtigen Kiefern, der die Tradition des erworbenen Immunsystems vor etwa 450 Millionen Jahren einläutete. Bis heute verfügen Lebensformen, deren Entwicklungslinien sich auf dieses Wesen zurückverfolgen lassen, über die Fähigkeit, spezifische Antikörper gegen Erreger zur bilden, wenn es zu einem Kontakt mit diesen kommt. Das heißt, alle Wirbeltiere mit Ausnahme der Schleimaale und Neunaugen verfügen über ein erworbenes Immunsystem und sind in der Lage, bei Kontakt zu Krankheitserregern Antikörper zu bilden. Die

»Erfindung« des angeborenen Immunsystems wird als »Big Bang der Immunologie« bezeichnet. Doch man sollte nicht den Fehler machen zu glauben, dass die Abwehrsysteme von Lebensformen, die gänzlich auf die angeborene Hintergrundimmunität angewiesen sind und keine Antikörper bilden können, nicht ebenfalls lernfähig seien. Sogar Bakterien verfügen über eine einfache Anpassungsfähigkeit des Immunsystems, die als frühe Form oder Vorläufer einer erworbenen Immunantwort betrachtet werden kann, wenn auch ohne Bildung von Antikörpern.

Nicht nur die Entwicklungsgeschichte der Abwehrfunktionen, sondern auch das »Immunsystem in freier Wildbahn« ist Gegenstand dieses Buches. Dabei werde ich das menschliche Immunsystem ebenso wie das von Tieren und Pflanzen als Funktion eines Naturwesens beleuchten, das in einer evolutionären Beziehung mit seinen natürlichen Lebensräumen steht. Die feuchte Haut der Amphibien, die zahlreiche mikrobielle Symbionten beherbergt, wird uns dabei als eines der interessantesten immunbiologischen Modelle für den Zusammenhang zwischen Umwelt und Abwehrfunktionen dienen. Diese Grenzgänger zwischen Wasser und Land lehren uns, dass auch wir, so wie jede Lebensform, zusammen mit unseren Symbionten und unserem Mikrobiom *selbst* Ökosysteme in einem komplexen ökologischen Gefüge darstellen.

Auf der Suche nach Antworten auf die großen Warum-Fragen der Immunbiologie wird deutlich, dass die Entwicklung des Immunsystems über Hunderte Millionen Jahre hinweg mit Anpassungen an Umweltbedingungen verbunden war. Im Grunde ist das Immunsystem ein komplexes

Unterscheidungssystem zwischen »Freund« und »Feind«, das in der Lage ist, »Freunde« willkommen zu heißen, wie man anhand der wichtigen mikrobiellen Besiedelung des gesunden menschlichen Organismus demonstrieren kann, und »Feinde« zu bekämpfen, wobei beispielsweise auch viele Umweltschadstoffe als Feinde erkannt und attackiert werden.

Umgekehrt unterstützen Substanzen, Reize und mikrobielle Symbionten aus intakten Ökosystemen unsere Immunfunktionen. Dazu werde ich zahlreiche wissenschaftlich gut erforschte Beispiele anführen: An Wasserfällen und Meeresküsten finden sich Elektroaerosole in der Atemluft. Das sind Luftteilchen, die sich durch die Reibung des Wassers beim Herabstürzen oder an der Brandung elektrisch negativ aufladen und dann mit Feuchtigkeitspartikeln verbinden. Diese besonderen Aerosole unterstützen die Funktion unserer Flimmerhärchen sowie die Hintergrundimmunität direkt an den Schleimhäuten der Atemwege, wo vor allem Atemwegserreger eindringen.

Mikroben aus dem Erdboden trainieren unser Immunsystem und verbessern die Zusammensetzung des Mikrobioms, das unseren Organismus besiedelt, sodass wir gegenüber Infektionen weniger anfällig werden. Sekundäre Pflanzenstoffe aus Wäldern und anderen Gehölzbeständen fördern nachweislich unser zelluläres Immunsystem, also ebenfalls unsere Hintergrundimmunität, die unter anderem gegen Erreger und potenzielle Krebszellen anrückt. Diese Zusammenhänge zwischen Umwelteinflüssen und Immunsystem erforscht die *Ökoimmunologie* – mein eigenes Spezialgebiet, dem ich mich als Doktorand am Institut für Biologie der Universität Graz im Fachbereich *Ökologie und Evolutionsbiologie* widme.

Doch beginnen wir mit dem ersten Schritt. Ich lade Sie auf eine Reise weit zurück in die Naturgeschichte des Lebens ein, um die Entwicklung des Immunsystems nachzuzeichnen und dadurch auch unsere eigenen, hoch komplexen Abwehrkräfte zu analysieren. Mit der Lektüre dieses Buches begeben Sie sich auf die Suche nach Antworten auf die großen Warum-Fragen rund um unser Immunsystem, um einer Lösung der »schwierigen Probleme« der Immunbiologie auf allgemeinverständliche Weise näherzukommen und auch ihre eigenen Abwehrkräfte besser zu verstehen und mit dem neu gewonnenen Wissen effizient unterstützen zu können.

TEIL 1

Pioniere des Immunsystems

KAPITEL 1

Bakterien gegen Viren – Das Immunsystem der Mikroben

Wenn wir an das Immunsystem denken, dann kommt den meisten von uns ein Abwehrsystem gegen Krankheitserreger wie beispielsweise Bakterien, Viren oder Pilze in den Sinn. Doch diese Mikroben verfügen selbst über eigene Immunfunktionen, denn auch sie sind nicht davor gefeit, durch einen Krankheitserreger oder Parasiten Schaden zu nehmen oder getötet zu werden. Begeben wir uns auf eine Reise in den Mikrokosmos, in dem »Bakterienfresser« Jagd auf Bakterien machen und Letztere sich mit allen Mitteln gegen diese Attacken wehren. Diese erbitterten Kämpfe der Mikroben finden in Gewässern, im Boden, auf Pflanzen, in Tieren und sogar in unserem eigenen Darm statt. Blicken wir außerdem in eine Welt kriechender Immunsysteme, die sich über den Waldboden, über vermoderndes Holz oder durch das Wasser bewegen. Dieses Kapitel dreht sich um die ältesten und archaischsten Formen der Immunität, ohne die es auch uns und unser Immunsystem nicht gäbe. Viele evolutionär alte Organismen, denen wir auf den folgenden Seiten begegnen, werden auch in unseren späteren Betrachtungen des menschlichen Immunsystems eine Rolle spielen. Bakterien etwa sind nicht nur Krankheitserreger, sondern auch Teil unserer eigenen Abwehrkräfte, beispielsweise wenn sie aus dem Mikrobiom des Darms ausrücken, um unsere Immunzellen sogar bei der Abwehr von Lungeninfektionen zu unterstützen.

Urbakterien, Blaugrünbakterien und »moderne« Bakterien

Schon die archaischen *Cyanobakterien*, die zu den ältesten Lebensformen der Erde gehören, dürften zu einfachen Abwehrstrategien gegen schädigende Einflüsse von außen fähig gewesen sein. Sie tauchten in ihrer frühesten Form gemäß Fossilfunden vor etwa 3,5 Milliarden Jahren im Paläoarchaikum auf. Als sogenannte »Blaugrünbakterien«, früher auch »Blaualgen« genannt, besiedeln sie noch heute die Gewässer und den Erdboden unseres Planeten. Im Zeitraum von vor 2,2 bis 2,7 Milliarden Jahren spielten Cyanobakterien durch die massenhafte Bildung von Sauerstoff eine wesentliche Rolle bei der Entwicklung einer stabilen und lebensfreundlichen Erdatmosphäre. Diese Einzeller beherrschen eine Form der Photosynthese, bei der sie ein größeres Spektrum des Sonnenlichts nutzen als die meisten grünen Pflanzen. Wie die Pflanzen sind auch Cyanobakterien dazu in der Lage, Sauerstoff zu produzieren. Sie stellen die Vorfahren späterer Bakterien dar, von denen die meisten keine Photosynthese mehr betreiben.

Die Cyanobakterien selbst sind niemals Auslöser von Infektionskrankheiten, wenngleich sie Gifte produzieren, die menschliche oder tierische Organe schädigen können – beispielsweise bei der Aufnahme von Wasser, das durch Ausscheidungen von Cyanobakterien belastet wurde. Diese sogenannten Cyanotoxine können Menschen oder Tieren aber nur dann zur Gefahr werden, wenn ihre Konzentration in ökologisch gestörten Gewässern stark zunimmt. Das ist zum Beispiel bei der Gewässerbelastung durch zu viel Düngemittel aus der Agrarindustrie und nach Einleitung von verschmutztem Industrie- und Abwasser der Fall, wenn ein Überschuss an Stickstoff die mikrobielle Lebenswelt des Gewässers durcheinander und zum »Kippen« bringt, sodass die Population der Cyanobakterien und Algen überhandnimmt. Dieser Vorgang wird auch als »Algenblüte« bezeichnet. Der Stickstoffüberschuss führt dazu, dass wenige, besonders konkurrenzstarke Arten plötzlich die anderen Spezies, mit denen sie zuvor in einem stabilen Gleichgewicht standen, verdrängen, überwachsen und vernichten. Im Resultat wird dabei auch ihr eigener Lebensraum zerstört. Die reinigenden Funktionen der vielfältigen Mikroorganismen fallen weg. Das Ökosystem bleibt vergiftet und »tot« zurück. Nur unter den Bedingungen der ökologischen Degradierung, wenn Cyanobakterien überhandnehmen und ihr Lebensraum »kippt«, werden sie durch ihre Toxine also für uns zur Gefahr. Ansonsten leben Cyanobakterien als Teil des Mikrobioms sogar im menschlichen Darm.[1]

Sowohl Cyanobakterien als auch »moderne« Bakterien verfügen über eine DNA, aber über keinen Zellkern. Die DNA (Desoxyribonukleinsäure, Träger des genetischen Codes) befindet sich bei ihnen frei im Inneren der Bakterienzelle. Daher werden sie *Prokaryoten* genannt, abgeleitet aus den altgriechischen Wörtern *pro* für »vor« und *karyon* für »Kern«. In anderen Worten: Sie entstammen, naturgeschichtlich betrachtet, einer Ära des Lebens, in der es auf der Erde noch keine Zellkerne in Lebewesen gab. Daneben zählen zu dieser Gruppe noch die *Archaeen*, die Biologinnen und Biologen früher als »Urbakterien« oder »Archebakterien« bezeichneten. Sie werden als vollkommen eigenständige Domäne der Lebensformen betrachtet und nicht zu den üblichen Bakterien gerechnet. Nach dem heutigen Wissensstand sind sie weder mit Cyanobakterien noch mit modernen Bakterien verwandt, wenngleich ihr naturgeschichtliches Alter jenem der Cyanobakterien mit 3,5 Milliarden Jahren annähernd gleichen dürfte.

Archaeen bewohnen vor allem extreme Lebensräume wie zum Beispiel Geysire und vulkanische Gebiete mit hoher Temperatur, extrem salzhaltige Gewässer wie das Tote Meer oder sehr saure Habitate wie vulkanische Erden oder saure Moore. Bisher ist unter diesen Überlebenden der Urzeit kein einziger Krankheitserreger entdeckt worden, der Menschen oder Tieren gefährlich werden könnte. Ihre Bedeutung ist vorwiegend von ökologischem Interesse – und damit meine ich nicht nur ihre Besiedelung von Extremstandorten auf der Erde.

Jüngeren biologischen Erkenntnissen zufolge kommt den Archaeen auch eine wichtige Bedeutung als Symbionten im »Ökosystem Mensch« zu. Durch ihre Fähigkeit, extreme Lebensräume zu besiedeln, sind sie dazu prädestiniert, im sauerstoffarmen menschlichen Darm zu leben. Und dort wurden sie auch bereits nachgewiesen. Sie unterstützen unsere Darmbakterien bei ihrer Stoffwechselaktivität und bauen außerdem deren Giftstoffe ab, die bei

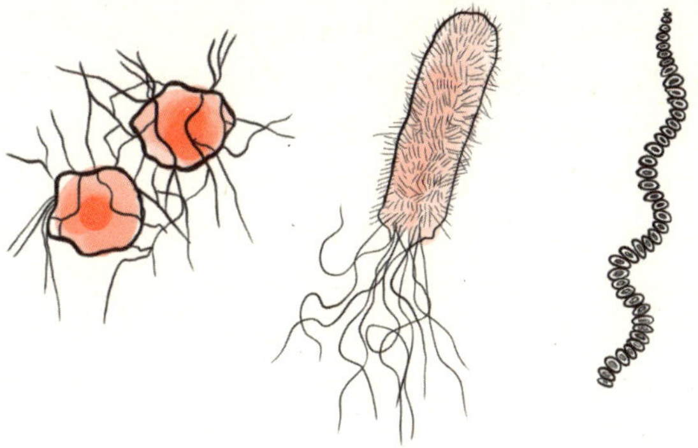

Archaeen, »modernes« Bakterium und Cyanobakterium (v. l. n. r.)

der bakteriellen Tätigkeit sozusagen als »Nebenprodukte« auftreten.[2] Beispielsweise eliminieren sie Trimethylamin aus unserem Darm und Organismus. Diese Substanz entsteht durch die Aktivität unserer bakteriellen Symbionten insbesondere nach dem Konsum tierischer Produkte. Der bakterielle Giftstoff vermag das Risiko zu steigern, Herz-Kreislauf-Erkrankungen, Arteriosklerose, einen Herzinfarkt oder Schlaganfälle zu entwickeln.

Archaeen übernehmen also bedeutsame gesundheitsfördernde Dienste in unserem *Darmmikrobiom*, sofern dieses in seiner mikrobiellen Zusammensetzung intakt und gut ausbalanciert ist. Ihren Anteil an unserem körpereigenen Mikrobiom nennt man auch *Archaeom*. Wir leben also in Symbiose mit Überlebenden aus der Urzeit, deren Verwandte in Geysiren, am Rand von Vulkanen oder im Toten Meer anzutreffen sind.

Moderne Bakterien finden wir heute in Böden und Gewässern, auf und in Pflanzen, Tieren und Menschen sowie in allen Ökosystemen und Lebensräumen. Viele erfüllen wichtige ökologische Funktionen für den Naturhaushalt, fungieren so wie unsere Darm- und Hautbakterien als Symbionten oder stellen als Krankheitserreger eine potenzielle Gefahr für andere Lebensformen dar. Die älteste noch lebende Bakterienzelle, die Wissenschaftler je gefunden haben, ist bereits 250 Millionen Jahre alt. Dieser Methusalem aus dem Mikrokosmos verbrachte die Zeit seit dem frühen Mesozoikum in einem Salzkristall, das ihn in über 600 Metern unter der Erdoberfläche vor schädigenden Umwelteinflüssen und Pathogenen schützte und ihm ein ungewöhnlich langes, individuelles Leben ermöglichte.[3] Jedoch haben selbst Bakterien, die kleinsten Lebewesen der Erde, grundsätzlich auch noch andere Möglichkeiten, sich vor Gefahren aus der Umwelt zu schützen, und sind nicht auf Salzkristalle oder andere Verstecke angewiesen.

Bakterienfresser

Bakterien können Opfer eines Virenbefalls werden. Es sind skurrile Formen, die diese sogenannten *Bakteriophagen*, übersetzt als »Bakterienfresser«, aufweisen. Ihr Kopf, das sogenannte Kapsid, enthält die Erbinformation des Virus und sieht aus wie eine Raumfahrtkapsel. Er sitzt auf einer scheibenförmigen Struktur, dem sogenannten Kragen, an dem sich ein Schwanz befindet, der sich, ähnlich wie eine Ziehharmonika, zusammenziehen und ausdehnen kann. Am Ende des Schwanzes ist eine weitere Scheibe angebracht, die sogenannte Basalplatte mit nach unten gerichteten »Spikes«, also Stachelproteinen. Von den Außenrändern

Bakteriophage dockt an Bakterium an

dieser Scheibe hängen Fasern, die Spinnenbeinen gleichen. Wenn man die Illustration eines Bakteriophagen betrachtet, wird regelrecht spürbar, dass Viren keine Lebewesen sind.

Bakteriophagen, kurz auch »Phagen« genannt, gleichen »DNA-Robotern« oder »DNA-Sonden«. Sie bestehen aus nichts weiter als der genetischen Information für ihren Bauplan in Form der DNA, umgeben von einer einfachen Kapsel oder Hülle. Zudem verfügen sie über technische Werkzeuge, um diese DNA in die Zelle eines Wirtsorganismus – im Falle der Bakteriophagen sind das Bakterien – zu injizieren, sodass in der Wirtszelle auf der Basis des viralen Bauplans ihre eigene Vervielfältigung stattfindet. Sie sind wie Computerhacker, die genetische Abläufe in anderen Lebewesen umprogrammieren, um dort unzählige Kopien von sich selbst und dadurch weitere virale DNA-Roboter anfertigen zu lassen. Deswegen benötigen sie keinen eigenen Stoffwechsel. Sie müssen keine Nahrung aufnehmen und verdauen, keine Stoffwechselprodukte ausscheiden und sich nicht aus eigener Kraft vermehren. Im Gegensatz zu Bakterien wären sie auch gar nicht dazu fähig, sich zu teilen oder mit anderen Viren zu verschmelzen, um sich auf diese Weise fortzupflanzen. Sowohl die Fähigkeit zur Fortpflanzung als auch ein Stoffwechsel sind nach der biologischen Definition aber Voraussetzungen, um eine Struktur oder Zelle als Lebewesen zu betrachten. Manche Biologinnen oder Biologen bezeichnen Viren allerdings als »dem Leben nahestehend«.

Viren sind also nichts weiter als Kapseln, die ihre Baupläne in andere Organismen bringen wie in eine Kopiermaschine. Gerade die skurril aussehenden Bakteriophagen, die mikroskopisch kleinen Robotern mit Spinnenbeinen ähneln, verdeutlichen diesen Unterschied zu anderen Lebewesen optisch anschaulich. Bei einigen Viren liegt der genetische Bauplan nicht in der DNA, sondern ausschließlich in der RNA (Ribonukleinsäure) vor. Auch unter den Bakteriophagen existieren Vertreter, die zu diesen RNA-Viren gehören.

Die meisten Bakterien sind etwa 2000 bis 6000 Nanometer lang, das entspricht 0,002 bis 0,006 Millimetern. Demgegenüber erreichen Bakteriophagen, so wie auch andere Viren, nur Größen zwischen 30 und 200 Nanometern. Das entspricht 0,00003 bis 0,0002 Millimetern. Im Mikrokosmos sind Bakterien gegenüber Bakteriophagen daher regelrechte »Riesen«, denn sie sind 30- bis 70-mal größer. An der Zelloberfläche der Bakterien befinden sich, ähnlich wie bei Viren, Proteine. An diesen docken die Bakteriophagen bei der Infektion eines Bakteriums mit den Enden ihrer Schwanzfasern an. Der Schwanz eines Bakteriophagen kann sich zusammenziehen, sodass sich die Kapsel mit dem Erbgut dem Bakterium annähert. Dabei wird die DNA beziehungsweise RNA mithilfe der Stachelproteine in das befallene Bakterium injiziert: Der Geist verlässt die »Flasche«. Funktionslos bleibt die gesamte Hülle des Bakteriophagen mit allen seinen Werkzeugen außen zurück und fällt in sich zusammen.

Mit der Infektion beginnt für das befallene Bakterium, wie bei uns Menschen, die Inkubationszeit, also die Zeitspanne, in welcher der Erreger bereits vorhanden, jedoch noch nicht merkbar in Erscheinung getreten ist. Die Inkubationszeit dauert für ein Bakterium nach der Infektion durch

Bakteriophagen einige Stunden. Zum Vergleich: Bei Menschen dauert die Inkubationszeit beispielsweise nach einer Infektion mit Influenzaviren ein bis zwei, mit Coronaviren vier bis sieben Tage. Im Inneren des infizierten Bakteriums beginnt das virale Erbgut der Bakteriophagen in dieser Zeit, seine Wirkung zu entfalten. Es geschieht das Gleiche wie bei allen viralen Infektionen, egal welche Lebensform sie betreffen: Die Erbinformation der Viren gelangt in der Wirtszelle zu den Ribosomen. Das sind winzige Proteinfabriken der Zelle, in denen alle Proteine hergestellt werden, die ein Organismus selbst benötigt. Dieser Prozess wird als *Proteinbiosynthese* bezeichnet. An dieser Stelle schleusen die Viren ihre eigenen genetischen Baupläne ein, damit die Proteinfabriken der Wirtszelle anstatt ihrer eigenen Proteine nun die des Virus herstellen – und somit neue Viren, denn die einzelnen Proteine werden direkt in der Zelle noch zu ganzen Viren zusammengesetzt. Danach werden die Viren von den befallenen Zellen freigesetzt. Diese Vorgänge sind im Wesentlichen bei infizierten Bakterien die gleichen wie bei infizierten Menschen, Wölfen oder Zebrafischen. Viren nutzen immer die Zellen ihrer Wirte als Kopiermaschinen, um sich selbst zu vervielfältigen, indem sie den Wirtszellen ihre Baupläne »unterjubeln«.

Allerdings sind Bakterien, anders als Menschen, Wölfe und Zebrafische, einzellige Organismen. Werden sie von Bakteriophagen infiziert, programmieren diese das Bakterium so um, dass es sich am Ende selbst auflöst und dabei pro befallenes Bakterium einige Hundert zuvor vervielfältigte Bakteriophagen in die Umgebung freisetzt. Wenn sich dieser Prozess vollzieht, bedeutet das zwangsläufig den

Tod des einzelligen Bakteriums. So betrachtet sind virale Infektionen für Bakterien ganz besonders gefährlich.

Wie sich Bakterien vor Viren schützen

Zahlreiche Immunfunktionen von Bakterien, die vor der Infektion durch Bakteriophagen schützen, sind bereits gut erforscht. Diese können als ein *angeborenes Immunsystem* beschrieben werden.[4] Das bedeutet, die Bakterien sind schon bei ihrer Entstehung genetisch damit ausgestattet. Auch wir Menschen und alle anderen Lebensformen verfügen über angeborene Immunfunktionen, die wir nicht erst im Laufe des Lebens erwerben müssen. Diese zeitlebens aktive *Hintergrundimmunität* ist bei uns natürlich ausgereifter und reichhaltiger als bei Bakterien, aber auch Bakterien haben einfache angeborene Abwehrkräfte.

Erstens verfügen viele Bakterien über äußere Barrieren, die Bakteriophagen das Andocken erschweren. Dazu können sie sich beispielsweise einkapseln und auf diese Weise eine mechanische Barriere gegenüber der Außenwelt schaffen. Auch das Salzkristall, in dem die älteste bisher gefundene Bakterienzelle 250 Millionen Jahre überlebt hat, ist im Grunde eine Schutzkapsel. Eine andere Möglichkeit, einen Schutz aufzubauen, ist die Einlagerung von Molekülen an der Zelloberfläche, die als Barriere dienen. Diese Immunfunktion entspricht bei Menschen und anderen Säugetieren etwa der Hautbarriere oder den Schleimstoffen der Schleimhäute, die Erregern den Eintritt in den Organismus erschweren.

An dieser einfachen, mechanischen Abwehrfunktion wird deutlich, dass das Immunsystem schon in seinen Ursprüngen bei den Einzellern ein »Umweltsystem« darstellt. Es dient dazu, Einflüsse von außen als schädlich oder unschädlich zu erkennen und gegen die schädlichen einen Schutz zu gewährleisten. Auch unser eigenes, komplexeres und evolutionär gereiftes Immunsystem ist, wie wir noch sehen werden, nach wie vor ein solches Umweltsystem.

Zweitens weisen Bakterien eine sogenannte Adsorptions-Resistenz auf. Das bedeutet, dass bestimmte Proteine an der Zelloberfläche, an denen Bakteriophagen andocken können, abgebaut oder verändert werden, sodass sozusagen das »Schlüsselloch« für eine Infektion verklebt wird. Auch bei höheren Lebensformen und Menschen ist diese Form der Immunität bekannt. Allerdings kommt es dazu nur, wenn Vorfahren einer Sippe bereits Kontakt zu einem bestimmten Erreger hatten. Es handelt sich um eine Art der vererbten Herdenimmunität – auch bei Bakterien.

Drittens: Ein Versuch der Lähmung des Erregers kann stattfinden, wenn ein Bakteriophage bereits an sein Wirtsbakterium angedockt hat, also wenn die äußere Abwehr durch Barrieren aller Art fehlschlug. Die Bakterienzelle ist in der Lage, die beginnende Penetration des Erregers zu erkennen, indem sie auf bestimmte Proteine, Zuckermoleküle oder Strukturen des Erregers reagiert, die diesen spezifisch auszeichnen. Daraufhin produziert sie chemische Gegengifte, die Bakteriophagen bewegungsunfähig machen, sodass diese ihre Werkzeuge nicht mehr gebrauchen und das Eindringen in das Bakterium nicht vollenden können. Bildlich gesprochen beschießt das angegriffene Bakterium den Eindringling mit Pfeilen, die ein lähmendes Gift enthalten. Die bakterienfressende Raumfahrtkapsel wird außer Funktion gesetzt. Auch in einem späteren Stadium, wenn die Bakteriophagen bereits im Inneren des Bakteriums angekommen sind, kann es ihrer Wirtszelle noch gelingen, die Eindringlinge durch Gegengifte zu lähmen und den weiteren Infektionsprozess zu stoppen.

Viertens kann es die Bakterienzelle schaffen, das genetische Material der Bakteriophagen bei dessen Freisetzung zu erkennen und zu eliminieren oder zu verändern, sodass das virale Erbgut unschädlich wird, bevor es die Bakterienzelle zu einer Virenfabrik umprogrammiert. In diesem Fall dreht das Bakterium quasi den Spieß um und modifiziert das eingeschleuste genetische Material des Erregers, ehe der umgekehrte Fall eintritt. Die eigene DNA, die in Bakterienzellen ja nicht in einem Zellkern, sondern frei im Plasma vorliegt, wird dabei geschützt.

Sehr interessant ist der *fünfte* Abwehrmechanismus des bakteriellen Immunsystems, den ich beschreiben möchte, denn er beruht einerseits auf Kooperation und stellt andererseits einen Prototyp für Abläufe in unserem eigenen Immunsystem dar. Um die Vermehrung der Bakteriophagen zu limitieren, kommt es vor, dass Bakterien die Erreger durch bestimmte Substanzen, die sie an sie heften, markieren. Andere verwandte Bakterienzellen erkennen dann diese Markierungen und eliminieren die markierten Bakteriophagen. Zwar kann sich ein befallenes Bakterium durch diesen »Hilferuf« allein nicht mehr retten, aber der Erregerdruck auf die gesamte Bakterienpopulation lässt sich auf diese Weise senken.

Höchst interessant ist dieser Vorgang deswegen, weil es sich um eine Vorstufe der sogenannten *Opsonisierung* handelt, die in vielzelligen Lebensformen bis hin zu uns Menschen eine wichtige immunbiologische Rolle spielt. Dabei werden Viren oder Bakterien, die von unserem Immunsystem erkannt worden sind, durch Proteine aus dem Blutplasma markiert. Auf diese Markierungen reagieren dann unterschiedliche Zellen unseres angeborenen Immunsystems wie beispielsweise Fresszellen und Neutrophilen – das sind »Erste-Hilfe-Zellen« unseres Immunsystems. Diese Zellen entfernen die markierten Erreger aus dem Körper, ohne dass dazu die Bildung von Antikörpern nötig ist. Der Prozess basiert ausschließlich auf der Hintergrundimmunität unseres angeborenen Immunsystems.

Erfunden wurde der Vorgang von Bakterien, den einfachsten Lebensformen der Erde. So wie eine Bakterienpopulation können wir auch unseren eigenen Organismus als Population unterschiedlicher, miteinander kommunizierender und hoch spezialisierter Zellen betrachten. Für jede einzelne dieser Zellen, auch für die Fresszellen und Neutrophilen, sind wir selbst der »Lebensraum«. Für uns als Lebewesen stellt die Opsonisierung, also das Markieren von Erregern mit anschließender Eliminierung durch Abwehrzellen, einen Weg dar, Infektionen zu überwinden und zu überleben. In der Welt der Bakterien ist es anders. Sie bestehen nur aus einer Zelle. Ihr Lebensraum ist kein vielzelliger Organismus, sondern beispielsweise das Wasser. Die Markierung der für sie gefährlichen Bakteriophagen mit anschließender Eliminierung derselben durch verwandte Bakterienzellen dient mehr dem Schutz der

Bakterienpopulation als dem einzelnen Bakterium. Diesen Gedanken zu Ende geführt, entspricht unser eigener Organismus einem Lebensraum wie dem Meer, den sich so viele einzelne Zellen teilen. Damit ihr Lebensraum und somit ihre Population erhalten bleibt, kooperieren sie untereinander bei der Abwehr von Krankheitserregern, auch wenn sie selbst diesen Kampf nicht überleben. Die Überlebenden sind wir: der Mensch, das Tier, die Pflanze – die Lebensräume der gut organisierten Zellpopulationen.

Der *sechste* Abwehrmechanismus der Bakterien ist von außerordentlich großem Interesse für die Naturgeschichte des Immunsystems, denn er gehört auch bei uns selbst sowie bei allen anderen vielzelligen Organismen zum Alltag der Gesunderhaltung. Dieser grundlegende Mechanismus ist der *programmierte Zelltod*. Auch unsere eigenen Körperzellen erneuern sich ununterbrochen, damit sich unsere Organe regenerieren und funktionsfähig bleiben können. Alte Zellen machen ständig neuen Platz. Weigert sich eine überalterte oder von Erregern befallene Zelle, den Weg des Zelltods von sich aus zu beschreiten, wird unser angeborenes Immunsystem tätig und tötet sie ab. Mit dieser Tätigkeit werden unter anderem die natürlichen Killerzellen betraut, mit denen wir uns noch ausführlich befassen werden. Danach werden die abgetöteten Zellen entfernt, verdaut und wiederverwertet – zum Beispiel mithilfe von Fresszellen, die ebenfalls noch Gegenstand dieses Buches sein werden.

Der programmierte Zelltod oder der freiwillige Tod von befallenen Zellen zum Wohl der Zellgemeinschaft lässt sich evolutionär bis zu den Bakterien zurückverfolgen. So kommt es vor, dass diese nach einem Befall mit Bakteriophagen einen *Infektionsabbruch* einleiten, der einem genetischen Programm folgt, das man *Apoptose* nennt. Biologinnen und Biologen beschreiben diesen Vorgang oft auch als »Suizidprogramm der Zelle«. Das befallene Bakterium beginnt mit der Produktion von Enzymen, die seine eigenen Strukturen, vor allem die Zellwände, auflösen, sodass die Zelle schließlich platzt. Damit nimmt auch die laufende Infektion durch Bakteriophagen ein abruptes Ende. Das Bakterium ist dann zwar tot, aber die Bakterienpopulation profitiert davon. Ähnlich profitiert auch die »Zellpopulation« unseres Organismus von diesem Suizidprogramm einzelner Zellen, die eine potenzielle Bedrohung für unsere Gesundheit darstellen.

Ganze Populationen von Bakterien können immun gegen bestimmte Bakteriophagen werden, mit denen ihre »Vorfahren« Kontakt hatten. Dazu haben sie, genauso wie die Archaeen, im Laufe der Evolution das CRISPR-Cas-System »erfunden«. Wesentlich für dieses ist, dass es sich dabei um eine Methode handelt, DNA zielgerichtet zu schneiden und zu verändern. Dieser Prozess wird auch als *Genombearbeitung* bezeichnet. Von jetzt an werde ich diesen Begriff anstelle des sperrigen Akronyms »CRISPR-Cas-System« verwenden. Diese Methode wurde von Biotechnologinnen und Biotechnologen bei den Bakterien »abgeschaut«. Heute wird sie in der Forschung und Gentechnik eingesetzt, um DNA gezielt zu schneiden und zu verändern.

Bakterien sind ebenso wie die Archaeen und Cyanobakterien dazu in der Lage, im Rahmen der Genombearbeitung Sequenzen aus dem Erbgut der für sie so gefährlichen

Bakteriophagen zu entnehmen und in eine Art Krankheitserreger-Archiv in die eigene DNA einzubauen.[5] Befällt ein Bakteriophage dann ein Bakterium, wird das Erbgut dieses Eindringlings mit dem Archiv verglichen. Bei Übereinstimmung werden weitere Informationen in dem Archiv nachgeschlagen, die dort hinterlegt sind und Angaben darüber enthalten, welcher Abwehrvorgang bei einem bestimmten Erreger zu starten ist. Der genetische Bauplan für ein Immunprotein, das benötigt wird, um den erkannten Erreger außer Gefecht zu setzen, wird aus dem Archiv abgelesen. Die Aufgabe des aktivierten Proteins ist es, das Erbgut des bedrohlichen Bakteriophagen an einer genau festgelegten Stelle zu zerschneiden. Gelingt diese Bearbeitung, wird die Umprogrammierung der Zelle zu einer »Virenfabrik« rechtzeitig verhindert, da der dazu nötige Code, den ein Bakteriophage in das Bakterium injiziert hat, nicht mehr funktionsfähig ist.

Das Faszinierende an dieser zielgerichteten Genombearbeitung ist, dass sie auf Erfahrung beruht. Bakterien und Archaeen, die Kontakt zu Erregern hatten und Verteidigungswege entwickelten, archivieren die dazu nötigen Informationen in ihrer eigenen DNA. Da die DNA vererbt wird, werden dadurch auch nachfolgende Bakteriengenerationen mit dem Archiv der Erreger und der dazugehörigen Abwehrmethoden ausgestattet. Dieses Archiv wird von Generation zu Generation erweitert und weitervererbt. Es handelt sich also um eine angeborene Immunfunktion, jedoch verbunden mit einer hohen, generationenübergreifenden Lernfähigkeit.

Bakterien können sich durch Verschmelzung oder Teilung vermehren. Bei der Teilung entstehen aus jeder einzelnen Bakterienzelle zwei weitere, die genetisch identisch sind – also Klone. In einer Bakterienpopulation kommt es dadurch zu exponentiellem Wachstum: aus 2 werden 4, aus 4 werden 8, 16, 32, 64, 128 und so weiter. Binnen kurzer Zeit können Bakterienpopulationen so rasant anwachsen, dass sie auf Nährmedien im Labor sogar sichtbar werden, obwohl jede einzelne Zelle mikroskopisch klein ist. Bedenkt man nun, dass alle aus Teilung hervorgegangenen Bakterien genetisch miteinander identisch sind, könnte man sie alle zusammen auch als einen einzigen Organismus betrachten, der sich nicht nur räumlich, sondern auch zeitlich ausdehnt. Das bedeutet, dass in Zukunft durch die fortschreitende Teilung noch immer Klone eines Bakteriums existieren, obwohl die vorangegangenen, genetisch identischen Bakterienzellen nicht mehr existieren.

Sind also nun die Klone »andere«? Oder handelt es sich bei ihnen noch immer um »dasselbe« Bakterium? Es ist ja nicht so, dass bei der Teilung ein Bakterium verschwindet und zwei neue entstehen. Vielmehr verwandelt sich das eine Bakterium in zwei. Nichts oder niemand geht dabei »verloren«. Betrachtet man Bakterienpopulationen, die aus Teilung hervorgegangen sind, als einen einzigen zeitlich ausgedehnten Organismus, erhält die Lernfähigkeit ihres Immunsystems eine neue Bedeutung. Dann sind nämlich ihr genetisches Archiv für Erreger und die dazugehörigen Abwehrmethoden als die naturgeschichtlich früheste und älteste Vorstufe des erworbenen Immunsystems zu betrachten. Im Laufe der Evolution wurde dieses Immunsystem in vielzelligen Organismen, deren einzelne Zellen wie bei uns Menschen in einem engen Verbund leben, dann zur Perfektion gebracht. Doch am Beginn dieser Entwicklung steht die faszinierende Lernfähigkeit des bakteriellen Immunsystems mit seinen auf Erfahrung beruhenden Archiven für Erreger und dazu passenden Abwehrstrategien.

Fast überall, wo Bakterien leben, stößt man auch auf Bakteriophagen. In den Weltmeeren sind ihre Populationen größer als die von allen anderen Mikroben. Sie stellen dort einen Teil des *Virioplanktons*, also des aus Viren bestehenden Teils des Planktons dar. Überall, wo bakterielle Prozesse für uns Menschen wichtig sind, können Bakteriophagen zu »Schädlingen« werden. Befallen sie Milchsäurebakterien in Starterkulturen für die Herstellung von Käse und verschiedener Formen der Dickmilch, können sie zu Problemen und schweren Gewinneinbußen in der Milchwirtschaft führen. Ihre Bedeutung im menschlichen Mikrobiom wird gerade erst erkannt und bedarf noch vieler Jahre intensiver Forschung.

Fakt ist aber: In unserem Darm wimmelt es vor Bakteriophagen. Sie sind dort Teil des *Viriams*, in welchem bereits 150 000 virale Arten, darunter zahlreiche Bakteriophagen, identifiziert wurden. Die Medizin der Zukunft wird vermutlich in der Behandlung von schwer diagnostizierbaren, unspezifischen Störungen des Magen-Darm-Trakts auch auf ein Verständnis der Rolle der Bakteriophagen zurückgreifen und Laborbestimmungen rund um deren Aktivität für diagnostische Zwecke veranlassen können. Es ist naheliegend, dass sich beispielsweise eine Überhandnahme von Bakteriophagen in unserem Darm auch auf unsere Gesundheit negativ auswirken könnte, zum Beispiel wenn sie bakterielle Darmsymbionten, die unsere Verdauung und Gesundheit fördern, zu stark befallen. Umgekehrt könnten Bakteriophagen in der Zukunft aber auch gezielt verabreicht werden, um bakterielle Infektionen zu therapieren. Sie könnten dabei zur Jagd auf Krankheitserreger im menschlichen Organismus »losgelassen« werden. In Zeiten der wachsenden Antibiotikaresistenzen könnten Bakteriophagen eine zukunftsfähige Alternative als Ersatz für immer weniger wirksame Antibiotika darstellen.

Von kriechenden Immunsystemen

Bevor wir uns den vielzelligen Organismen und deren Abwehrkräften nähern, die uns in weiterer Folge zu unserem eigenen Immunsystem führen werden, werfen wir noch einen Blick auf andere Einzeller. Denn neben Cyanobakterien, Bakterien und Archaeen existieren ja noch viele weitere mikroskopische Lebensformen, die aus nur einer einzelnen Zelle bestehen. Die Biologie kennt 63 000 Einzeller auf unserem Planeten, davon 36 000 tierische Einzeller und 27 000 pflanzliche, also einzellige Algen. Diese Arten zählen nicht mehr zu den evolutionär älteren, kernlosen Prokaryoten, sondern zu den *Eukaryoten*. Das altgriechische Wort *eu* bedeutet »richtig«. Sie haben also im Gegensatz zu den Bakterien einen »richtigen« Zellkern, so wie unsere eigenen Körperzellen, die ebenfalls Eukaryoten sind.

Amöben bilden eine große Gruppe einzelliger Lebensformen, die evolutionär sehr alt sind. Das älteste Fossil die-

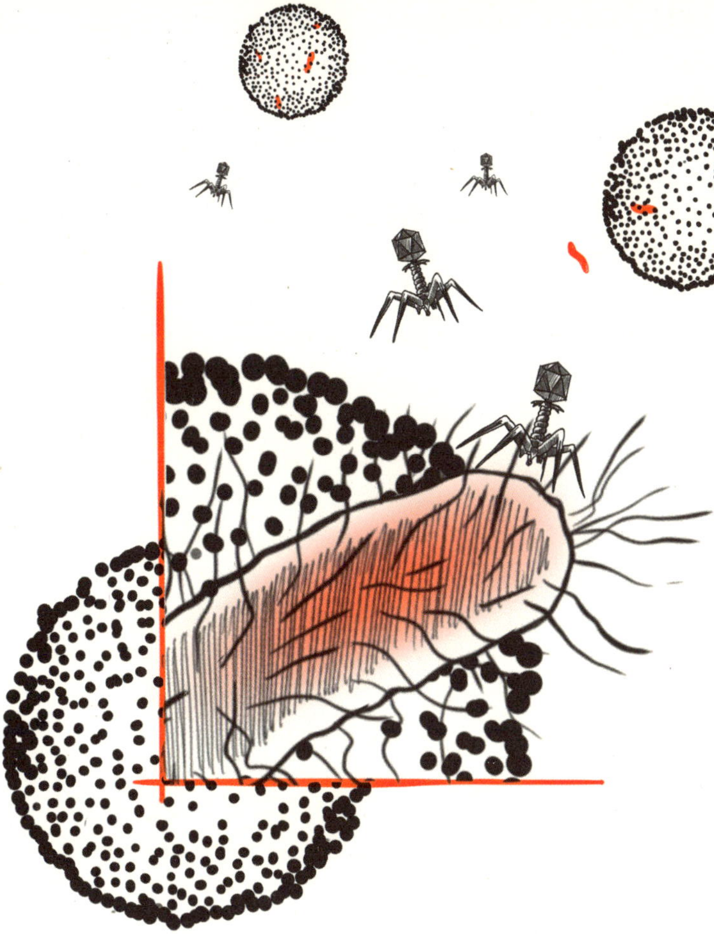

Bakterien und Bakteriophagen im Meeresplankton

ser Einzeller wurde auf etwa 400 Millionen Jahre datiert. Die ersten Amöben waren diesem Fund zufolge Wesen des Paläozoikums, genauer gesagt des Devons oder Silurs. Schalenamöben gleichen unter dem Mikroskop winzigen

Schnecken, obwohl sie nur aus einer einzigen Zelle bestehen. Sie leben in einer selbst hergestellten Schale im Süßwasser, feuchten Moos oder in feuchter Erde. Der Biologe Alexander Schmidt von der Universität Jena fand in einem hundert Millionen Jahre alten Bernstein aus dem Gebiet des Schliersees in Bayern die Fossilien dieser mikroskopischen schneckenähnlichen Urzeittierchen. In dem Fundstück waren sie mit Algen, einzelligen Wimperntierchen und archaischen Pilzen verbunden. Ein seltener Fund, der zeigt, wie unterschiedliche einzellige Organismengruppen schon früh nebeneinander existierten.[6]

Die Gruppe der Amöben zeichnet sich dadurch aus, dass ihre Vertreter ihre Form verändern können. Aus diesem Grund werden sie auch als Wechseltierchen bezeichnet. Im Gegensatz zu Bakterien und Viren sind diese Lebewesen mit Größen von 0,1 bis 1 Millimeter relativ groß. Ihre stattlichsten Vertreter sind mit dem bloßen Auge sichtbar. Selten erreichen Riesenamöben auch Durchmesser von 3 Millimetern.

Der Begriff »Amöbe« beschreibt keine einzelne Art. Es existieren neben tierischen Amöben wie Strahlentierchen, Sonnentierchen oder Foraminiferen, den sogenannten Kammerlingen, auch Amöben, die den Algen nahestehen und Photosynthese betreiben, weshalb einige ihrer Vertreter früher den Grünalgen zugerechnet wurden. Auch die Schleimpilze sind Amöben. Ihre Populationen wachsen zu sichtbaren Kolonien heran – genannt Plasmodien –, die sich scheinbar wie auf einer Schleimspur langsam fortbewegen, zum Beispiel über den Waldboden oder einen modrigen Baumstamm, der ihnen als Nahrungsgrundlage dient. Sie sind keine echten Pilze, aber so wie diese können auch die Schleimpilze das Sonnenlicht nicht zur Energiegewinnung nutzen, sondern müssen Nahrung von außen aufnehmen.

Schleimpilzkolonien werden von Wissenschaftlerinnen und Wissenschaftlern in Laboren als Modelle genutzt, um Infektionen mit Bakterien wie beispielsweise Legionellen zu untersuchen. Diese können bei Menschen schwere Atemwegserkrankungen auslösen. Auch Schleimpilze können von Legionellen infiziert werden – jedoch nicht wehrlos. Als Immunantwort gegen die Bakterien »fressen« sie diese einfach auf. Daher wird dieser Prozess als *Phagozytose* bezeichnet. Der altgriechische Begriff *phagein* bedeutet »fressen«, *cytos* heißt »Aushöhlung« und steht in diesem Zusammenhang für »Zelle«. Folglich sind Amöben Fresszellen. Die Amöbenzellen der Schleimpilze nehmen die Erreger in ihr Inneres auf und verdauen sie. Dabei handelt es sich um denselben Vorgang, mit dem sie auch Nahrungspartikel aus der Umwelt aufnehmen.

Die Phagozytose ist auch von anderen Amöben bekannt. Zu ihrer Durchführung verfügen die Einzeller über einen Hohlraum in ihrem Inneren, die sogenannte Vakuole, in der Nahrungspartikel oder aufgenommene Erreger durch Enzyme zerstückelt und verdaut werden. Das ist im Grunde die primitivste und naturgeschichtlich älteste Form einer Verdauungshöhle, also eine Art »Urmagen« oder »Urdarm«. Vor einigen Jahren fand die Biowissenschaft heraus, dass Amöbenkolonien, wie zum Beispiel die genannten Schleimpilze, spezialisierte Zellen beinhalten, deren Aufgabe darin besteht, gezielt Krankheitserreger aufzuspüren, zu umfließen, aufzunehmen und zu verdauen. Diese besonderen Zellen zirkulieren in der Amöbenkolonie, um diese vor Pathogenen zu schützen.[7] Ihre spezialisierte Tätigkeit entspricht einer einfachen Form der Immunaktivität.

Der britische Molekular- und Immunbiologe Robert Jack und der französische Zoologe Louis Du Pasquier beschrieben Amöben in einem Fachbuch über die Evolution des Immunsystems folgendermaßen: »Eine Amöbe, was immer sie auch sonst noch alles sein mag, ist zuerst und vor allem ein kriechendes Immunsystem.«[8] Für die Naturgeschichte des Immunsystems sind derartige Erkenntnisse höchst interessant, denn sie zeigen erstens, dass auch Einzeller, die in Kolonien zusammenleben, eine Art Arbeitsteilung beherrschen, die wir von vielzelligen Organismen kennen, in denen verschiedene Zelltypen unterschiedliche Aufgaben erfüllen. Zweitens sind in diesen spezialisierten Amöbenzellen, deren Aufgabe die Eliminierung von Krankheitserregern aus einer Kolonie ist, Vorläufer der *Fresszellen* höherer Organismen zu sehen – also auch Vorläufer unseres eigenen zellulären Immunsystems, das unserem angeborenen Immunsystem entspricht.

Die Fresszellen unseres eigenen Immunsystems gehören zu den weißen Blutkörperchen, sind also Leukozyten. Wie die Amöben betreiben sie Phagozytose. In der Biologie werden sie *Phagozyten* genannt. Ähnlich wie die Amöben mit ihren »kriechenden Immunsystemen« umfließen unsere Fresszellen Krankheitserreger, nehmen sie in ihr Inneres auf und verdauen sie, um sie unschädlich zu machen. »Erfunden« wurde diese Abwehrfunktion vor Hunderten Millionen Jahren durch die Amöben. Mit unseren Fresszellen wird sich dieses Buch noch näher befassen.

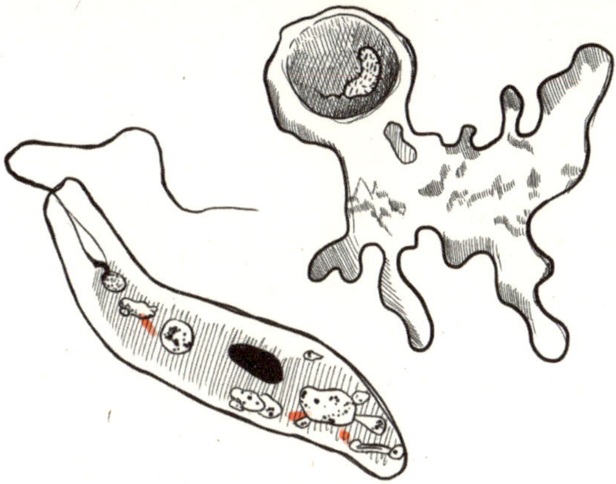

Augentierchen (links) und Amöbe (rechts)

Amöben sind allerdings nicht nur Pioniere des Immunsystems und Modellorganismen zum Studium von Infektionskrankheiten in der Humanmedizin. Einige ihrer Vertreter lösen Magen-Darm-Erkrankungen wie Amöbenruhr aus, die auch schwere Verläufe nehmen können. Andere verursachen Entzündungen im Gehirn oder Rückenmark. Die sogenannte primäre Amöbenmeningitis, eine Entzündung der Hirnhäute, verläuft in mehr als 90 Prozent der Erkrankungsfälle tödlich. Auch bei dieser Krankheit findet sich eine Verbindung mit ökologischen Themen: Infektiöse Amöben vermehren sich besonders stark in Industrieabwässern und Gewässern, die industriell verschmutzt sind. Vor allem die heißen Regionen der Erde sind von diesen Erregern betroffen.

Aus der Welt der Einzeller kommen neben Bakterien, Viren und Amöben viele weitere Arten als Krankheitserreger bei Menschen und anderen Tieren in Betracht. So

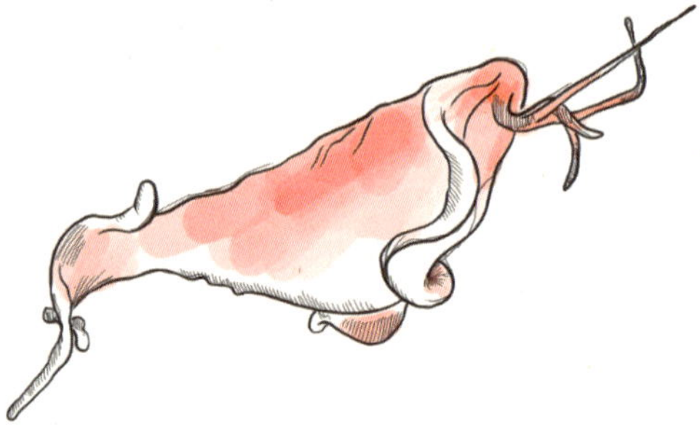

Trichomonade, ein Geißeltierchen

wurden zum Beispiel 2016 Trichomonaden, eine Art der Geißeltierchen, von der deutschen Gesellschaft für Protozoologie zum Erreger des Jahres gekürt. Diese Einzeller lösen vor allem bei Frauen Entzündungen der Harnwege und der Schleimhäute im Genitalbereich aus. Infektionen mit Trichomonaden erhöhen nachweislich für die betroffenen Frauen das Ansteckungsrisiko mit HIV und das Risiko, Gebärmutterhalskrebs zu entwickeln. Bei Männern erhöhen die Erreger das Prostatakrebsrisiko.

Im ersten Kapitel haben wir uns nur mit Einzellern befasst. Hier sind wir bereits auf grundlegende Immunfunktionen gestoßen, die wir im Rahmen unserer weiteren Betrachtungen auch bei uns Menschen antreffen werden: Fresszellen, Immunproteine, natürlicher Zelltod, Markierung von Krankheitserregern, Lernfähigkeit des Immunsystems und so weiter. Bereits bei den ältesten und einfachsten Lebensformen waren und sind diese immunbiologischen Grundfunktionen seit Äonen vorhanden.

Im weiteren Verlauf dieses Buches wird deutlich werden, wie sehr unser Immunsystem in dieser uralten naturgeschichtlichen Tradition steht. Wie es sich aus Pionierleistungen fremdartiger Lebensformen entwickelt hat, die im Laufe der Evolution erprobt haben, sich als Organismus bestmöglich vor schädlichen Umwelteinflüssen zu schützen und dabei nützliche willkommen zu heißen. Von ihren Erfahrungen profitieren auch wir. Das Immunsystem ist im Laufe der Entwicklung des Lebens immer komplexer, lernfähiger und »intelligenter« geworden. Es blieb aber seit dem Anbeginn des Lebens und über die gesamte Naturgeschichte bis zum *Homo sapiens* ein Umweltsystem, das den Organismen die Existenz in ihrem Lebensraum mit all seinen Gefahren sowie positiven Einflüssen ermöglicht.

Weil das bis heute so geblieben ist, stellt auch unser Immunsystem ein Umweltsystem dar. Lebensraum und Immunsystem können nie voneinander getrennt betrachtet werden. Sie stehen in einer *Co-Evolution*, also in einem evolutionären Gleichgewicht zueinander. Daher bleibt auch der Zustand eines Lebensraums nicht ohne Konsequenzen für das Immunsystem – positiv wie negativ. Mit den immunbiologischen Umwelteinflüssen werden wir uns noch im Detail befassen.

Besonders deutlich wird die enge Verbindung zwischen einem Organismus und seinem Lebensraum im Reich der Pflanzen, die in den meisten Fällen an ihrem Standort verwurzelt sind oder, wie die Algen, von ihrem Lebensraum mit allen seinen Pathogenen »umspült« werden. Auch sie könnten ohne ein Immunsystem als Umweltsystem nicht leben. Im nächsten Kapitel wenden wir uns den pflanzlichen Lebensformen zu.

KAPITEL 2

Immunfunktionen der Pflanzen – Die Bedeutung der grünen Lebensformen für Virologie und Immunologie

Pflanzliche Immunsysteme ähneln in vielerlei Hinsicht dem angeborenen Immunsystem bei Menschen und Tieren. Sie verfügen über die wichtigsten Grundfunktionen zur Abwehr von Krankheiten und schädigenden Einflüssen aus der Umwelt. Eine Naturgeschichte des Immunsystems muss sich auch mit den Pflanzen befassen. Dieser Anspruch ergibt sich allein schon aus der Tatsache, dass in Pflanzen die ersten Viren gefunden wurden und die Virologie mit dieser Entdeckung begründet wurde. Mit Krankheitserregern und Immunfunktionen bei Pflanzen befasst sich die Wissenschaft der *Phytomedizin*. Die Verbreitung und Dynamik von Infektionskrankheiten und anderen Krankheitszuständen in Pflanzenpopulationen ist Gegenstand der *Pflanzenepidemiologie*.

Algen: Pioniere des kommunizierenden Immunsystems

Das Augentierchen Euglena stellt für Biologinnen und Biologen ein beliebtes Studienobjekt dar, da es besonders gut auf Umweltreize reagiert. Es bewegt sich im Wasser mit-

Eine Pflanze im Abwehrkampf gegen einen Schädling

hilfe einer Geißel, die es peitschend antreibt. Dabei strebt es dem Licht entgegen und ist in der Lage, sich räumlich zu orientieren, indem es die Schwerkraft wahrnimmt. Die Bewegungen von Einzellern werden daher häufig am Augentierchen als Modell untersucht. Es erscheint unter dem Mikroskop grün, weil es den Farbstoff Chlorophyll enthält. Das ist das Blattgrün der Pflanzen, mit dem diese Photosynthese betreiben und unter Nutzung von Sonnenlicht aus Kohlendioxid und Wasser Zucker, also Kohlenhydrate, herstellen. Bekanntlich ist Sauerstoff ein ökologisch wichtiges Nebenprodukt daraus. Zu dieser autonomen Energiegewinnung durch Photosynthese ist auch das Augentierchen in der Lage, das als einzellige Alge zu betrachten ist, genauer gesagt als Geißelalge.

Algen sind Lebensformen, die den Pflanzen nahestehen. Ihre Sippe ist 2,5 Milliarden Jahre alt und entstammt dem frühen Proterozoikum. Manche Algen wachsen zu Kolonien heran, vergleichbar mit den zuvor beschriebenen Amöben. Solche Algenkolonien werden dann beispielsweise in Gewässern sichtbar. Einige Algenarten bilden durch Aneinanderreihen und Zusammenwachsen einzelner Algenzellen regelrechte Vegetationskörper, die im Falle des Seetangs bis zu 60 Meter lang werden können. Im Gegensatz zu den »höheren« Pflanzen bilden Algen aber keine spezialisierten Organe wie Blätter, Wurzeln, Stängel oder Stämme aus. Algen gehören zu den »niederen« Pflanzen, den evolutionär alten Formen des pflanzlichen Lebens.

Eine besonders interessante Form aus dem Algenkosmos ist die Volvox. Sie stellt einen Übergang zur vielzelligen Lebensweise dar. Einzellige Algen aus der Gruppe der Grünalgen vereinen sich zu einer mikroskopisch kleinen Kugel und teilen unterschiedliche Aufgaben untereinander auf. Sie kooperieren miteinander und bilden einen Scheinorganismus. Einige Zellen der Volvox übernehmen die Fortbewegung, andere die Nahrungsaufnahme und wieder andere die Fortpflanzung. Fällt die Kugel auseinander, überleben die einzelnen Zellen jede für sich. Das unterscheidet sie von den echten Vielzellern, deren Einzelzellen, wie bei uns Menschen, nur im Verbund lebensfähig sind.

Algen, egal ob sie wie das Augentierchen allein als Einzeller, wie der Seetang in großen Kolonien oder vereint in einer Kugel namens Volvox leben, benötigen Mechanismen, um sich vor krank machenden Einflüssen zu schützen. Auch sie verfügen über Fähigkeiten, die man als Immunaktivität bezeichnen kann. Beispielsweise sind Algen unter anderem Bakterien ausgesetzt, die in jedem Gewässer und Ökosystem vorkommen. Manche dieser Bakterien stellen für Algen eine Gefahr dar. So wird etwa das Rotten-Thallus-Syndrom durch Bakterien, sogenannte Vibrionen, ausgelöst. Es führt dazu, dass Teile der Algen absterben. Auch der Erreger der Cholera gehört in diese Bakteriengattung, genannt *Vibrio*. Die Rotfleckenkrankheit wird bei Algen durch Bakterien aus der Gattung *Pseudoalteromonas* verursacht. Erreger derselben Gattung sind in der Lage, bei allen Algen, vom Augentierchen über die Volvox bis zum Seetang, die Zellwände zu zerstören, was für Algenlebewesen tödlich ist. Algen wehren sich gegen Krankheitserreger vor allem durch die Produktion antibakterieller Substanzen, mit denen sie sich durch einen äußerlichen Schutzfilm umgeben.

In dieser Immunantwort sind gezielte Abwehrmechanismen zu erkennen, denn der antibakterielle Schutz wird nicht einfach nur aus Vorsorge produziert, sondern als Reaktion auf bestimmte Erreger, die durch die Algen als Gefahr erkannt worden sind. Algen unterscheiden zwischen *Selbst* und *Nicht-Selbst*. Diese Unterscheidung ist die Grundlage jeder höheren Immunaktivität und unseres eigenen Immunsystems. Vor 2,5 Milliarden Jahren haben Algen als älteste pflanzliche Lebensform gelernt, diese Unterscheidung mit hoher Treffsicherheit durchzuführen.

Das Selbst ist naturgemäß ungefährlich. Das Nicht-Selbst wird vom Immunsystem der Algen und anderer Lebewesen in drei Kategorien eingeteilt: *Epibionten* sind neutrale Mikroorganismen, die einfach anwesend sind, aber keinen Schaden verursachen. Sie leben an der Oberfläche der Algen, ähnlich wie an unserer Darmschleimhaut Bakterien und andere Mikroben leben.

Symbionten sind Organismen, die vom Immunsystem als nützlich erkannt und daher nicht bekämpft, sondern toleriert und gefördert werden. Beispielsweise leben die bekannten Chlorella-Algen, die auch als Nahrungsergänzungsmittel vermarktet werden, mit Bakterien der Gattung *Bacillus* zusammen und bilden mit diesen Konsortien.[9] Die Bakterien leben dabei außen an den Algenzellen und unterhalten mit diesen einen gegenseitigen Austausch von Nährstoffen. Gemeinsam gelingt es den Symbiosepartnern, den Nährstoffgehalt von Gewässern besonders gut aufzuschließen und miteinander zu teilen, wobei das Bakterium von der Alge auch Zucker aus der Photosynthese erhält. Die Symbiose aus den Bacillus-Vertretern und der Chlorella-Alge funktioniert so effizient, dass das Duo biotechnologisch eingesetzt wird, um Abwasser zu reinigen. Dabei werden eutrophierte, das heißt aufgrund von industrieller Umweltbelastung mit Nährstoffen wie Stickstoff und Phosphor überlastete Gewässer revitalisiert.

Die dritte Kategorie des Nicht-Selbst sind schließlich die *Pathogene*. Gegen diese aktiviert die Alge wie andere Organismen ihre Abwehrkräfte.

Um Selbst von Nicht-Selbst und Nützliches von Schädlichem zu unterscheiden, sind bereits die Algen – »niedere« Pflanzen – dazu in der Lage, bestimmte Zellstrukturen von Mikroorganismen zu erkennen und hinsichtlich der Gefährlichkeit zu bewerten. Diese Strukturen nennt man MAMPS: mikrobiell assoziierte molekulare Patterns, wobei *Patterns* »Muster« bedeutet. Gefährliche MAMPS werden als PAMPS bezeichnet: pathogen-assoziierte molekulare Patterns. Die molekularbiologischen Mechanismen dieser

Erkennung werden noch erforscht. Sicher ist aber, dass sie unter anderem auf Proteinen beruhen, die an diesem Abtasten des Nicht-Selbst beteiligt sind. Daher kann man ohne Übertreibung sagen, dass Algen über spezialisierte Immunproteine verfügen. Wie wir später sehen werden, spielen ähnliche Immunproteine auch in unserem eigenen angeborenen Immunsystem eine zentrale Rolle.

Wenn diese Immunproteine der Algen die gefährlichen PAMPS erkennen, werden in den Algen Stresshormone ausgeschüttet, die über eine Kette aus Signalen und Botenstoffen die Produktion der passenden antibakteriellen Substanz zur Abwehr des Erregers auslösen. Dieser Zusammenhang zwischen pflanzlichen Hormonen und Immunantwort legt nahe, dass bereits bei den Algen eine evolutionär alte Verbindung zwischen Hormon- und Immunsystem existiert, die wir auch in allen höheren Organismen inklusive uns selbst finden. Den Zusammenhang zwischen Hormonen und Immunfunktionen untersucht bei uns Menschen die *Endokrino-Immunologie*. Naturgeschichtlich hat sich ihr Forschungsgegenstand also erstmals in den Algen manifestiert.

Algen sind dazu in der Lage, Signale von anderen – benachbarten – Algen zu empfangen und zu entschlüsseln.[10] Wenn sie von Erregern angegriffen werden, können sich diese Pflanzen daher untereinander vor einer Gefahr »warnen«. Dazu nutzen die grünen Wasserbewohner unter anderem Substanzen aus der Stoffgruppe der *Terpene*. Das ist die größte Familie sekundärer Pflanzenstoffe mit bioaktiven Funktionen. Es handelt sich um bedeutungstragende Moleküle des Pflanzenreichs und des Reichs der Mikroorganismen, die man auch »chemische Wörter« nennen könnte. Sie sind gelöst im Wasser vorhanden, in dem die Algen leben, können aber auch in den gasförmigen Zustand und dadurch in die Luft übertreten. Auf Terpene, die die Bedeutung »Achtung Krankheitserreger« tragen, reagieren benachbarte Algen in dem betroffenen Lebensraum vorsorglich mit der Produktion des entsprechenden Abwehrstoffes. Denn über die biochemische Kommunikation wird auch vermittelt, welches Pathogen in den gemeinsamen Lebensraum eingedrungen ist, wie stark der Befall ist und welche geeigneten Abwehrstrategien aktiviert werden müssen.

Mikroorganismen und Pflanzen nutzen neben Terpenen auch noch andere biochemische Stoffe zur Kommunikation. Terpene sind aber die häufigsten »Vokabeln«, die diese stillen Lebensformen verwenden. Da der größte Teil der Lebewesen der Erde Mikroorganismen, Algen und Pflanzen sind, kann man ohne Übertreibung sagen: Die am meisten verbreitete Sprache der Welt ist »Terpen«.

Das Immunsystem ist schon bei so einfachen und alten Organismen wie den Algen sehr deutlich als *kommunikationsfähig* zu erkennen. Es kommuniziert mit der Umwelt und mit anderen Lebensformen, mit denen sich die Alge ihr Biotop teilt. Behalten Sie diesen Gedanken bitte im Hinterkopf, denn wir werden uns im Laufe dieses Buches ausführlich mit der Kommunikationsfähigkeit unseres eigenen Immunsystems befassen, das ebenfalls in einem intensiven Austausch mit der Umwelt steht und daher von manchen Biowissenschaftlerinnen und Biowissenschaftlern sogar als Sinnessystem bezeichnet wird. Die Algen lehren uns, dass diese Eigenschaft in der Naturgeschichte des Immunsystems schon vor Jahrmilliarden angelegt wurde.

Um Algen zu infizieren, benötigen Viren Proteine. Diese sitzen an den Zellwänden der Wasserpflanzen und dienen den Viren als Andockstelle. Um das Eindringen der Viren zu verhindern, verändern die Algen die Proteine, indem sie deren Bausteine neu anordnen. Proteine bestehen aus Aminosäuren in einer bestimmten Abfolge und räumlichen Anordnung. Viren haben sich auf das Andocken an diese molekularen Strukturen spezialisiert. Verändern sich die Proteine an den Pflanzenzellen, missglückt der Versuch der Viren, dort eine Verbindung für die Infektion herzustellen. Dabei kann das Immunsystem der Pflanzen auf die Erfahrung früherer Generationen zurückgreifen. Denn diese Mechanismen zur Virenblockade werden vererbt und sind ein typisches Beispiel einer angeborenen Abwehrstrategie, die auch bei uns Menschen zur Hintergrundimmunität gehört.

Darüber hinaus verfügen viele Algen auch über die Möglichkeit, Stoffe zu produzieren, die Viren inaktivieren, ähnlich wie sie es mit Bakterien machen. Das können zum Beispiel bestimmte Polysaccharide sein, durch die Viren in ihrer Aktivität gehemmt werden.[11] Auch dafür ist es für das Algenimmunsystem nötig, Viren durch Immunproteine zuvor als gefährliches Nicht-Selbst zu erkennen.

Über die Abwehrkräfte, die Algen gegenüber Viren besitzen, ist weniger bekannt als über die Strategien, mit denen sich Bakterien vor Bakteriophagen schützen. Die Biowissenschaft hat in diesem Bereich noch viel zu entdecken. Aber eines steht bereits fest: Algen verfügen über evolutionär ausgereifte Abwehrsysteme gegen virale Erreger und lernen von Generation zu Generation, diese zu verbessern. Dabei setzen sie Immunproteine zur Identifikation von Viren oder Bakterien ein.

Am Beginn der Virologie stand die Pflanze

Als der britische Mediziner Edward Jenner 1796 den ersten Impfstoff entwickelte, der gegen das Pockenvirus gerichtet war, wusste er nichts über die Existenz und Beschaffenheit von Viren. Der erste virale Krankheitserreger wurde erst ein Jahrhundert später im Jahre 1892 durch die beiden Botaniker Dimitri Iwanowski aus Russland und Martinus Beijerinck aus den Niederlanden entdeckt. Zunächst als besonders kleines Bakterium betrachtet, wurde der Erreger 1898 von Beijerinck erstmals »Virus« genannt. Es handelte sich um einen Erreger aus Tabakpflanzen, das Tabak-Mosaikvirus.[12] Dieser Erreger schädigt die Gefäße der Pflanzen, in denen ähnlich wie in unseren Blutgefäßen Flüssigkeiten und Nährstoffe transportiert werden. Die äußerlich auffälligsten Symptome dieser Krankheit sind gelbe Flecken und Muster, die sich an den Blättern zeigen. Außerdem beginnen sich die Blätter mit fortschreitender Infektion zu kräuseln. Ähnliche Viren befallen auch Kürbis-, Zucchini-, Gurken-, Bohnen- und andere Nahrungspflanzen. Iwanowski und Beijerinck gelten seit ihrer Entdeckung als Begründer der Virologie, die sich in ihren Anfangszeiten ausschließlich mit Pflanzenkrankheiten befasste.

Das erste humanpathogene Virus wurde 1901 entdeckt.

Tabak und Mais: Modellpflanzen der Virologie

Es war der Erreger des Gelbfiebers aus der Gruppe der Flaviviren, die – so wie Influenza-, Corona- und pflanzliche Mosaikviren – zu den RNA-Viren gehören. Wie Influenza- und Coronaviren bei Menschen sind auch Mosaikviren, beispielsweise das Gurken-Mosaikvirus, im Pflanzenreich pandemisch verbreitet.

Viren, die Pflanzen infizieren, sind nicht in der Lage, auf Menschen überzuspringen, können aber zur Bedrohung für die menschliche Ernährung werden. So nehmen Schäden durch das Mais-Streifenvirus in Afrika regelmäßig verheerende Ausmaße an. Der Erreger befällt alle grünen Pflanzenteile und zerstört das Blattgrün, genannt Chlorophyll, das die Pflanzen für die Photosynthese benötigen. Dabei entstehen zuerst blasse Flecken, die sich später zu hellen Streifen entwickeln und über die gesamte Länge des Maisblatts erstrecken. Bei Befall durch das Mais-Streifenvirus kann es zu großflächigen Ernteausfällen kommen, da sich der Erreger beispielsweise durch Insekten, insbesondere Zwergzikaden, effizient verbreitet. Vor allem in Monokulturen befällt das Virus den Bestand wie ein Lauffeuer, da wegen der fehlenden Durchmischung der Arten keine natürlichen Ausbreitungsbarrieren vorhanden sind. Das Virus ist auch deswegen bedrohlich, weil es neben Mais andere wichtige Nahrungspflanzen Afrikas infiziert und schädigt, darunter Gerste, Weizen und Roggen. In den kontinentalen Gebieten der Subsahara ist der Erreger endemisch. Er hat sich aber inzwischen nach Osten bis Madagaskar und Mauritius ausgebreitet.

Pflanzenviren und das pflanzliche Immunsystem werden häufig auch an der Reispflanze als Modellorganis-

Symptome des Mosaikvirus

mus erforscht. Reis hat weltweit eine große Bedeutung für die menschliche Ernährung. Es sind 15 genetisch gut erforschte Virenarten bekannt, die Reiskulturen befallen und das Potenzial haben, auch wirtschaftlich große Schäden zu verursachen. Aus diesem Grund gehört Reis zu den Organismen, die auch häufig Gegenstand der Pflanzenepidemiologie werden.[13] So haben Biowissenschaftlerinnen und Biowissenschaftler den Vorgang der RNA-*Stilllegung* (englisch »RNA silencing«) unter anderem an Reispflanzen untersucht.[14] Die RNA-Stilllegung ist einer der wichtigsten und schnellsten Abwehrmechanismen der gesamten Pflanzenwelt insbesondere gegen RNA-Viren.

Nach dem viralen Befall beginnt der Erreger in der Pflanzenzelle sein genetisches Programm zu entfalten: RNA des Virus wird freigesetzt und zu den Ribosomen, den Proteinfabriken der Pflanzenzelle, transportiert. Dort möchte das Virus die Proteinherstellung der Pflanze hacken und umprogrammieren, damit die Ribosomen statt der pflanzlichen seine eigenen Proteine erzeugen. Diese Vorgänge der viralen Infektion sind immer die gleichen – bei befallenen Bakterien, Pflanzen, Pilzen, Tieren und uns Menschen.

Pflanzen haben vor mindestens 475 Millionen Jahren im Paläozoikum, genauer im Kambrium und Ordovizium, das Land erobert. Laut einer weit verbreiteten evolutionsbiologischen Hypothese entwickelten sie sich aus Algen, die den Ufer- und Gezeitenbereich der Meere besiedelten und dabei zeitweise außerhalb des Wassers lebten. Landpflanzen sind also wahrscheinlich Nachfahren der Algen. Daher bekamen sie auch die grundlegenden Immunfunktionen der Algen vererbt. Später entwickelten sie ein komplexes Immunsystem, das den Anforderungen vielzelliger Lebensformen gerecht wird. Gerade Pflanzen, die in der Regel sessil sind – das heißt: an einem Ort festgewachsen –, benötigen effiziente Strategien, um sich gegen potenziell schädliche Einflüsse aus der Umwelt zur Wehr zu setzen.

Der Abwehrmechanismus der RNA-*Stilllegung* hat sich vor langer Zeit in die Gene der Pflanzen eingeschrieben und entwickelt sich in der Co-Evolution zwischen Pflanzen und deren Viren laufend weiter. Er basiert darauf, dass Viren ihr Erbgut in der Pflanzenzelle in *messenger* RNA (mRNA oder »Boten-RNA«) umwandeln, denn nur dieses mRNA-Transkript kann den Proteinfabriken der Pflanzenzelle erfolgreich untergejubelt werden. Das liegt daran, dass diese Proteinfabriken prinzipiell nur mRNA als »Rezepte« für die »Zubereitung« eines Proteins ablesen. Auch Viren, deren Erbmaterial als DNA vorliegt, müssen dieses innerhalb der Zelle zunächst in mRNA transkribieren lassen, um die Umprogrammierung der Proteinherstellung der Pflanze durchzuführen.

Für die Vervielfältigung und Transkription ihres Erbgutes nutzen Viren die biologische Infrastruktur der Zelle, die sie infiziert haben. Das eröffnet der befallenen Pflanze eine Chance, diesen Vorgang zu bemerken. Genau das haben pflanzliche Lebewesen evolutionär gelernt. Sie reagieren auf ein Spaltprodukt der Virus-RNA, das bei der Vervielfältigung und Transkription in der Pflanzenzelle unweigerlich anfällt. Dieser Vorgang ist komplex und läuft über verschiedene Stadien der RNA, die ineinander übergehen. Es reicht, wenn wir uns vergegenwärtigen, dass dabei unweigerlich ein Spaltprodukt anfällt, das *siRNA* genannt wird.

Handelt es sich um ein Virus, das der jeweiligen Pflanzenart evolutionär bekannt ist, kann die Pflanzenzelle die Anwesenheit des Erregers durch die siRNA erkennen und den Erreger identifizieren. Sofern das gelingt, aktiviert die befallene Zelle Substanzen, die in der Lage sind, die RNA des Virus zu zerstören oder zumindest zu blockieren. Dazu werden *Argonauten-Proteine* ins Feld geführt. Ihr Name kommt von einer Tintenfischart namens *Argonauta argo*. Warum sie ausgerechnet nach diesen Meeresbewohnern benannt sind? Das liegt vermutlich daran, dass sie in Pflanzen unter bestimmten Umständen eine Verfärbung der Blätter verursachen können, welche der bläulich-violetten Farbe dieser vielarmigen Meeresbewohner ähnelt. Interessant ist, dass auch die griechische Mythologie Argonauten kennt – das ist die tapfere Besatzung des blitzschnellen Seefahrtschiffs Argo.

Wesentlich ist für unser Verständnis des pflanzlichen Immunsystems nur, dass die »Argonauten« in der Lage sind, virale RNA zu zerschneiden und dadurch unschädlich zu machen. Die siRNA verbindet sich mit den Argonauten, nimmt sie also sozusagen »an die Hand«, und leitet sie gezielt zur RNA des Virus, die zerstört werden soll. Eine zweite Instanz, die demselben Zweck dient, sind die *Dicer-Proteine*, auch als »Würfelschneider« bezeichnet. Sie zerstückeln das genetische Material der Viren wie ein Küchenmesser in den flinken Händen einer Meisterköchin eine Möhre. Interessant ist, dass zwischen Pflanzen und Viren ein naturgeschichtliches Wechselspiel entstanden ist. Viren entwickeln mit der Zeit Auswege aus der Zerstückelung und Stilllegung ihrer RNA, worauf Pflanzen dann wiederum mit einer Anpassung ihrer Abwehrkräfte reagieren. Dabei entsteht idealerweise ein Gleichgewicht, die Co-Evolution. Dieses Gleichgewicht verhindert, dass die Pflanzenart unter dem Einfluss der Viren ausstirbt. Beide Seiten lernen, miteinander zu leben. Auch zwischen Menschen und Viren oder Bakterien gibt es die Co-Evolution.

Argonauten und Dicer-Proteine sind ihrer Funktion nach Immunproteine des angeborenen pflanzlichen Abwehrsystems. Sie richten sich gegen virale Gene und spielen daher in einem sehr frühen Stadium der Immunantwort eine entscheidende Rolle, wenn die Pflanze noch versucht, die Vermehrung eines Virus zu unterbinden. Darüber hinaus verfügen Pflanzen aber auch über Immunproteine, die bestimmte Strukturen und Substanzen direkt an den Krankheitserregern erkennen und diese auch dann noch bekämpfen können, wenn sich die Erreger bereits erfolgreich im pflanzlichen Wirtsorganismus vermehrt haben. Das pflanzliche Immunsystem baut vorwiegend auf Immunproteinen auf. Mit diesen wollen wir uns etwas näher befassen. Denn auch bei den menschlichen Abwehrkräften werden wir auf eine Reihe von Immunproteinen stoßen.

Pflanzen als Meister der Immunproteine

In den vorangegangenen Kapiteln und Abschnitten habe ich vorausgesetzt, dass jede Leserin und jeder Leser ein grundlegendes Verständnis davon mitbringt, was *Proteine* sind. Nachdem der Begriff im Zuge der medialen Berichterstattung über SARS-CoV-2, den viralen Erreger der Atemwegsinfektion COVID-19, »in aller Munde« war, ohne jedes Mal neu erklärt zu werden, habe ich mir erlaubt, ihn auch in diesem Buch wie selbstverständlich in den bisherigen Text einfließen zu lassen. Doch da wir uns im kommenden Abschnitt explizit mit Immunproteinen befassen, die auch in den Kapiteln über das Immunsystem von Tieren und

Menschen eine zentrale Rolle spielen werden, lasse ich an dieser Stelle eine Erläuterung des Begriffes einfließen.

Proteine sind Eiweißstoffe. Sie bauen unseren eigenen Körper ebenso auf wie den Organismus anderer Lebensformen. Die Proteine, die wir täglich benötigen, werden im Rahmen der Proteinbiosynthese hergestellt. Diese läuft – wir erinnern uns – in den Proteinfabriken der Zellen ab, die als Ribosomen bezeichnet werden. Die Baupläne für unsere Proteine befinden sich in unserer DNA. Von dort werden sie abgeschrieben und als mRNA zu den Ribosomen transportiert. Auch Viren bestehen aus Proteinen. Sie verfügen allerdings über keine eigene Proteinherstellung und müssen daher Wirtszellen nutzen, in die sie ihre eigenen Baupläne einschleusen. Auch mit diesen Vorgängen haben wir uns schon befasst.

Zu besonderer Bekanntheit hat es das Stachelprotein oder Spike-Protein der Coronaviren gebracht. Es dient den Erregern dabei, an Zellen anzudocken, die sie befallen. Viele andere Viren nutzen ebenfalls Stachelproteine, darunter die Influenzaviren und Bakteriophagen. Rhinoviren, die Erreger von Erkältungskrankheiten, besitzen an ihrer Oberfläche ähnliche Proteine, die als »stachelähnliche Finger« bezeichnet werden *(spike-like fingers)*.[15] Die *Antikörper*, die unser Organismus nach einer durchgemachten Infektion oder nach Verabreichung einer Impfung gegen einen Erreger bildet, sind selbst Proteine.

Aufbau und Funktion von Proteinen hängen von der Reihenfolge und Anordnung der Aminosäuren ab, aus denen sie bestehen. Bekannte Beispiele für Proteine sind die Strukturproteine Kollagen und Elastin, die unserer Haut

Festigkeit und Elastizität verleihen. Auch Verdauungsenzyme, die dabei helfen, unsere Nahrung zu erschließen, sind Proteine.

Bei Pflanzen ist kein adaptives Immunsystem bekannt, das bei Kontakt zu Erregern rasch ähnliche Proteine wie unsere Antikörper bilden kann. Pflanzen verfügen nach heutigem Kenntnisstand auch nicht über spezialisierte Abwehrzellen, die sich ähnlich wie die Fresszellen der Amöbenkolonien durch den pflanzlichen Organismus bewegen. Pflanzliche Immunität funktioniert sehr direkt: Immunproteine, die krank machende Eindringlinge erkennen, sitzen direkt an den pflanzlichen Zellen wie Torwächter. Detektieren sie ein Virus oder ein Bakterium, lösen sie eine Kette von molekularen Mechanismen aus, die gegen den Erreger gerichtet sind. Diese Abwehrfunktionen werden ebenfalls

Kristallförmiges Pflanzenvirus

von – im Vergleich zu spezialisierten Abwehrzellen bei Mensch und Tier – verhältnismäßig »einfachen« Immunproteinen ausgeführt.

Die »Detektor-Proteine« in pflanzlichen Organismen werden Resistenz-Proteine oder kurz *R-Proteine* genannt. Viele Pflanzenviren weisen geometrische und symmetrische Formen auf, die an Kristalle erinnern. R-Proteine sprechen auf diese Formen und auf einzelne Moleküle an der Oberfläche der Erreger an – zum Beispiel auf bakterielle und virale Proteine. Sie erkennen die bereits erwähnten PAMPS – die typischen molekularen Strukturen und Muster eines Pathogens, die zu dessen Identifikation führen.[16]

Bedenken Sie, dass wir es hier mit Abwehrmechanismen zu tun haben, die an der einzelnen Zelle zentriert sind. Wie erwähnt sitzen die Immunproteine an den Zellen und lösen regionale Abwehrmechanismen durch entsprechende weitere Proteine aus, die Erreger inaktivieren können. Der Grund dafür ist, dass Pflanzen als sessile, das heißt festgewachsene Lebensformen über kein Kreislaufsystem wie Menschen oder Tiere verfügen. Zwar haben höhere Pflanzen Gefäße, in denen Wasser, Zucker und Nährstoffe transportiert werden, aber eben keine Zellen wie unsere roten oder weißen Blutkörperchen, also auch keine zirkulierenden Immunzellen. Pflanzen sind darauf angewiesen, ihre Immunität an ihren einzelnen Zellen zu orientieren – und das haben sie evolutionär annähernd zur Perfektion getrieben. Pflanzliche Immunproteine sind wie Beschützer der Zelle, die molekulare Bewegungen rund um die Zelle überwachen und zielgerichtet darauf reagieren. Sollte ein Erreger bereits in die Zelle eingedrungen sein und dabei

»erwischt« werden, wie er sich auf Kosten der Gesundheit der Pflanze dort vermehrt, ziehen die Proteine ihr letztes Register und leiten den Tod der gesamten betroffenen Pflanzenzelle ein.[17] Das wiederum ist ein Mechanismus, der auch von unserem Immunsystem beherrscht wird, wie wir noch sehen werden.

Obwohl Pflanzen über keine erworbenen Immunfunktionen wie Antikörper verfügen, kennen wir aus dem Pflanzenreich vergleichbare, jedoch nicht identische Funktionen. Biologinnen und Biologen sprechen von einer *evolutionären Konvergenz* zwischen den Immunsystemen der meisten Wirbeltiere inklusive uns Menschen und dem pflanzlichen Immunsystem. Das bedeutet, es haben sich Übereinstimmungen oder Ähnlichkeiten entwickelt, obwohl wir nicht von den Pflanzen und diese nicht von uns abstammen. Die pflanzliche Entwicklungslinie hat sich naturgeschichtlich schon früh von der tierischen und menschlichen getrennt. Dennoch verfügen Pflanzen über eine Art Erinnerungsvermögen ihres Immunsystems, denn dieses kann durch Erregerkontakt »trainiert« werden.

Die Lern- und Gedächtnisfähigkeit des pflanzlichen Immunsystems ergibt sich schlicht aus einer höheren Aktivität der R-Proteine, die Muster und Strukturen von Erregern erkennen. Die R-Proteine passen ihre Form und Funktion an die Viren oder Bakterien, mit denen sie Erfahrungen machen, laufend an. Ebenso passen die Pathogene ihre sogenannten *Escape-Strategien* an, mit denen sie versuchen, den pflanzlichen Abwehrproteinen zu entfliehen. Das Gleichgewicht, das dabei im Idealfall entsteht, haben wir bereits als Co-Evolution kennengelernt.

Auch Enzyme, die im Rahmen der pflanzlichen Immunreaktionen zum Einsatz kommen, werden durch Erregerkontakt vermehrt produziert und fortwährend angepasst. Diese Lernerfahrungen, basierend auf »trial and error«, werden dann in der DNA abgespeichert und an weitere Generationen von Pflanzenzellen vererbt. Daraus ergibt sich in Summe die Lernfähigkeit des pflanzlichen Immunsystems. Der Prozess ähnelt dem Vorgang, der abläuft, wenn Erreger-Archive in der DNA von Bakterien abgelegt werden, für den Kampf zukünftiger Generationen gegen Bakteriophagen.

Pflanzenwissenschaftlerinnen und Pflanzenwissenschaftler sprechen von einem *angeborenen Gedächtnis des pflanzlichen Immunsystems.*[18] Dieses Erinnerungsvermögen ist langsamer und schwerfälliger als das in unserem erworbenen oder adaptiven Immunsystem, das innerhalb weniger Tage die Bildung spezifischer Antikörper gegen einen Erreger erlernen kann. Aus diesem Grund wird das immunbiologische Gedächtnis der Pflanzen nicht als adaptives Immunsystem bezeichnet, sondern dem angeborenen Immunsystem und der Hintergrundimmunität zugeordnet.

Pflanzliche Impfstoffe

Nur wenige Menschen wissen, dass es auch Impfstoffe *für* Pflanzen gibt, die bekannte pflanzliche Immunfunktionen nutzen oder unterstützen. Beispielsweise hat die Pflanzenbiotechnologie RNA-Impfstoffe gegen pflanzliche Erreger entwickelt, um wichtige menschliche Nahrungspflanzen zu schützen. Genauer gesagt sind es *siRNA-Impfstoffe*. Bitte erinnern Sie sich an die siRNA, ein Spaltprodukt der viralen RNA, das entsteht, wenn Viren versuchen, die Infrastruktur der Wirtszelle zu nutzen, um ihr eigenes genetisches Material zu vervielfältigen und den Proteinfabriken der Zellen unterzujubeln. Die siRNA aus den Impfstoffen wird im Labor optimiert, sodass sie die Argonauten-Proteine der befallenen Pflanzenzelle zielsicher zur viralen RNA führen kann. Die Argonauten setzen das Erbgut des Erregers dann außer Gefecht.[19] Solche siRNA-Impfstoffe könnten schon bald gegen verschiedene pflanzliche Virenerkrankungen im Einsatz sein, zum Beispiel gegen das Mais-Streifenvirus, das Reis-Gelbsprenkelvirus und gegen verschiedene Mosaikviren.

Andere Impfstoffe basieren auf der Nanobiotechnologie. Sie sollen Weinreben vor Virenerkrankungen schützen, die für Winzerinnen und Winzer zu massiven wirtschaftlichen Schäden führen können. So lösen Vertreter der Nepoviren etwa die Reisigkrankheit aus. Bei befallenen Reben werden die Gefäße der Pflanze geschädigt, und das Chlorophyll, das für die Photosynthese nötig ist, wird zerstört. Die Weinblätter verformen sich, vergilben und sterben ab. Der Austrieb der Pflanze im Frühjahr verzögert sich, ihr Wuchs wird langsam, und der Ertrag geht stark zurück. Da es sich um eine der weltweit schädlichsten Krankheiten an Weinreben handelt, arbeitet die angewandte Pflanzenwissenschaft an einer Optimierung der dagegen gerichteten Impfstoffe, sodass diese bald weltweit zur Verfügung stehen könnten.

Doch es existieren nicht nur Impfstoffe, die Pflanzen schützen sollen, sondern auch solche, die aus Pflanzen gewonnen werden und uns Menschen einen Schutz vor Infektionskrankheiten bieten. Die Tatsache, dass sich ein pflanzlicher Impfstoff gegen COVID-19 zum Zeitpunkt des Erscheinens dieses Buches im April 2022 in der dritten und letzten klinischen Testphase befindet, ist vielen Menschen nicht bekannt. Es handelt sich um ein Verfahren, das von der kanadischen Firma Medicago zusammen mit dem britischen Pharmakonzern GlaxoSmithKline entwickelt wird.

Bei dem Impfstoff mit der Bezeichnung *CoVLP* wird die genetische Information für virale Antigene von SARS-CoV-2 mittels Viren und Bakterien in Pflanzen der Gattung *Nicotiana* eingebracht – also in eine Tabakart, die in diesem Fall aus Australien stammt und dort in der Wildnis wächst. Die Aufnahme genetischer Information des Coronavirus in die Pflanzen führt dazu, dass in den Blättern die viralen Antigene erzeugt werden, sodass Biotechnologinnen und Biotechnologen sie von dort gewinnen können. Die Tabakpflanzen dienen in diesem Fall also nicht der Erzeugung eines Genuss-, sondern eines Arzneimittels.

Das Ergebnis ist ein sogenannter *virusähnlicher Partikel-Impfstoff* aus pflanzlicher Produktion. Das bedeutet, die Proteinstrukturen, die in den Tabakpflanzen gebildet werden, ähneln dem Coronavirus so sehr, dass die Immunantwort, die sie nach der Impfung beim Menschen auslösen, dazu geeignet ist, COVID-19 abzuwehren. Unserem Immunsystem erscheinen die virusähnlichen Partikel äußerlich dem Erreger zum Verwechseln ähnlich. Sie enthalten wesentliche Oberflächenstrukturen des Coronavirus, darunter die Stachelproteine, sind jedoch innerlich »leer« und inaktiv. Davon leitet sich die Bezeichnung »virusähnliche Partikel« ab.

Virusähnliche Partikel-Impfstoffe aus pflanzlicher Biotechnologie enthalten keinerlei Erbmaterial, weder DNA noch RNA. Wir können sie uns wie leere Proteinhüllen eines Coronavirus aus pflanzlicher Produktion vorstellen. Laut Angaben des Unternehmens Medicago ist die Anzucht der virusähnlichen Proteinkomplexe in Pflanzen die Methode, mit der derzeit die komplexesten äußerlichen Kopien von SARS-CoV-2 erzeugt werden können.[20] Wie erwähnt spielen Tabakpflanzen eine wichtige Rolle in der virologischen Grundlagenforschung seit der Begründung der Virologie. Kein anderer Wirtsorganismus wurde virologisch so lange erforscht wie der Tabak. Daher ist es wenig überraschend, dass die Biotechnologie mit Tabakpflanzen weit fortgeschritten ist.

Der Impfstoff aus Pflanzenbiotechnologie von Medicago und GlaxoSmithKline könnte in Kanada schon bald zugelassen werden. Im Dezember 2021 reichte das Unternehmen die vorläufige Auswertung der dritten und letzten klinischen Testphase – die wie bei allen Kandidaten noch länger nicht abgeschlossen sein wird – bei den kanadischen Gesundheitsbehörden ein und suchte um Zulassung durch die Weltgesundheitsorganisation (WHO) an.[21] An der klinischen Studie nahmen 24 000 Probandinnen und Probanden teil.[22]

Die angewandte Pflanzenwissenschaft erforscht unter anderem auch den Einsatz pflanzenbasierter Impfstoffe gegen den AIDS-Erreger HIV-1, Rabiesviren (Tollwuterreger), Influenzaviren, das Humane Respiratorische Synzytial-Virus (HRSV) und andere Pathogene. Außer der biotechnologischen Erzeugung viraler Antigene in Pflanzen werden dabei auch Ansätze verfolgt, die leere Hüllen von Pflanzenviren, darunter das Tabak-Mosaikvirus, als Transportmittel für virale Antigene nutzen.

Dass die Impfstoffe gegen Pflanzenviren in ihrer Wirkungsweise den Impfstoffen in der Humanmedizin ähneln, zeigt einmal mehr, dass die Immunsysteme aller Lebensformen miteinander vergleichbar sind und dieselben grundlegenden Abwehrmechanismen nutzen, darunter Immunproteine, körpereigene Antibiotika und Mechanismen zur Zerstörung des Erbguts von Krankheitserregern. Im folgenden Kapitel werden wir sehen, wie sich – aufbauend auf diese immunbiologischen Basisfunktionen – im Tierreich die Immunzellen entwickelt haben, die heute durch unsere eigenen Körper zirkulieren. Bei Pflanzen wurden bisher keine vergleichbaren mobilen Zelltypen mit Abwehrfunktion gefunden.

KAPITEL 3

Meilensteine des tierischen Immunsystems – Vorboten der menschlichen Abwehrkräfte

Nun dringen wir ins Reich vielzelliger tierischer Lebensformen vor, aus dem auch wir selbst in einer Hunderte Millionen Jahre alten Entwicklungsgeschichte hervorgegangen sind. Am Beginn dieses Prozesses standen skurrile Lebensformen, die den Quallen, Polypen und Korallen glichen. Wie viel unser menschliches Immunsystem mit den dann folgenden Nesseltieren und Insekten gemeinsam hat, werde ich ebenso beleuchten wie die Frage, warum Manteltiere so wichtig für die Erforschung unserer Abwehrmechanismen sind.

Die Immunfunktionen, die wir uns in diesem Kapitel genauer ansehen werden, sind bei uns als wichtige angeborene Grundmechanismen unserer Gesunderhaltung am Werk. Um ihnen evolutionär auf die Spuren zu kommen, reisen wir zunächst zurück an den Beginn des Paläozoikums, in dem erstmals die Nesseltiere auf der Erde auftauchen, und unternehmen danach einen Abstecher zu den Insekten und deren Larven, die seit 300 bis 400 Millionen Jahren auf der Erde leben. Die Taufliege, die wir uns als wichtigen Modellorganismus der Immunbiologie genauer ansehen werden, weist als Wesen der frühen Erdneuzeit ein evolutionäres Alter von 40 Millionen Jahren auf. Zum

Abschluss reisen wir zu einer naturgeschichtlichen Epoche, in der das Proterozoikum endete und das Paläozoikum begann. Damals entwickelten sich die nächsten, noch heute existierenden Verwandten der Wirbeltiere, die wir unter anderem am Tiefseeboden antreffen werden. Diese 570 Millionen Jahre alten Manteltiere verfügen über ein einfaches Stützrohr, das einen Vorläufer der Wirbelsäule darstellt.

Warum die Nesseltiere unser Immunsystem erfanden

Kennen Sie Nesseltiere? Dieser naturgeschichtlich alte Tierstamm, der in der Biologie als *Cnidaria* bezeichnet wird, hebt sich durch das Vorhandensein von Nesselkapseln vom übrigen Tierreich ab. Diese Kapseln sind in der äußersten Schicht des tierischen Organismus, also in der Epidermis, eingelagert und dienen dazu, Beute zu fangen sowie Angriffe und Gefahren abzuwehren. Bei Berührung oder Reizung schleudern diese Zellen einen Nesselschlauch aus, der in vielen Fällen Gift enthält, das dem Opfer oder Gegner injiziert wird.

Solchen Nesseltieren sind die meisten von uns schon nähergekommen, beispielsweise beim Schwimmen im Meer, denn Quallen gehören zu diesem Stamm. Ihr Gift löst bei Menschen meistens nur Reizungen oder Rötungen aus – also Entzündungen als Immunreaktionen gegen das Gift. Allerdings existieren unter Nesseltieren auch Vertreter, deren Gift für uns potenziell tödlich ist, da es einen Zusammenbruch des Herz-Kreislauf-Systems verursachen kann. Was viele nicht wissen: Während der Fortpflanzung sitzen Quallen im Stadium von Polypen am Meeresgrund fest. Davon gibt es Ausnahmen. Auf hoher See existieren auch Quallenarten, die immer frei im Wasser schwimmen.

Wer schon mal in einem der Weltmeere getaucht ist, hat vielleicht auch unmittelbare Bekanntschaft mit den besonders ästhetischen, am Meeresboden festgewachsenen Korallen gemacht. Korallen gehören ebenfalls zu den Nesseltieren. Sie ähneln den sogenannten Blumentieren, zu denen etwa die bekannten Seeanemonen gehören. Auch Blumentiere sind auf Gestein angewachsen, führen also wie Pflanzen ein sessiles Leben, obwohl sie Tiere sind. Blumentiere besiedeln die Tiefsee bis 6000 Meter Meerestiefe. Korallen wurden hingegen bisher nur bis 3500 Meter gefunden – auch das gehört bereits in den Bereich der Tiefsee.

Um sich zu vermehren, leben Korallen, wie auch die Blumentiere und Quallen, als Polypen. Dabei handelt es sich um einen sehr einfach gebauten Organismus, in dem bereits alle Strukturen der erwachsenen Nesseltiere angelegt sind. In diesem Stadium können sich Nesseltiere auf zwei Wegen fortpflanzen. Neben der sexuellen Reproduktion, bei der genetisch von den Eltern unterscheidbare Generationen entstehen, können sie sich durch die sogenannte *Knospung* auch vegetativ, also asexuell vermehren und Klone bilden. Diese Klone verbinden sich in Kolonien miteinander und führen so zum Heranwachsen eines Korallenriffs, das auch als großer »Superorganismus« betrachtet wird. Die Polypen sind also die »Erbauer« der uns bekannten Korallenformationen, in die sie auch Gestein und Mineralien aufnehmen.

In mitteleuropäischen Seen, Bächen und Flüssen sind Süßwasserpolypen heimisch. Diese kleinen Nesseltiere erreichen nicht mehr als eine Länge von drei Zentimetern. Wie Quallen schwimmen sie frei im Wasser.

Vor 550 Millionen Jahren, am Beginn des Paläozoikums, schlugen sich Nesseltiere mit einem evolutionsgeschichtlich gesehenen neuen Problem herum. Die Herausforderung bestand darin, als Mehrzeller in einer marinen Umwelt zurechtzukommen, in der zahlreiche Gefahren lauerten. Anders als Amöben, die Kolonien und Scheinorganismen bilden, gehören die Nesseltiere nämlich zu den ersten tierischen Lebensformen, die nicht nur vielzellig sind, sondern darüber hinaus auch einen strukturierten Körper besitzen. Sie verfügen bereits über spezialisierte Zellen und Gewebe sowie einfache Organe. Dadurch benötigen sie Immunfunktionen, die über den gesamten Organismus verteilt sind. Die Unterscheidung zwischen eigenen und fremdartigen, potenziell gefährlichen Zellen, ist schwieriger als bei den primitiveren Organismen, die selbst nur aus einer einzelnen Zelle oder einem einzigen Zelltypus bestehen. Je mehr sich die Zellen eines Organismus spezialisieren und zu unterschiedlichem Gewebe differenzieren, desto komplexer werden die molekularbiologischen Abläufe, mit denen eigene und fremde Zellen voneinander unterschieden werden. Und das ist eine der wichtigsten Aufgaben des Immunsystems als Umweltsystem.

Nesseltiere bestehen aus zwei Zellschichten. In ihrem Inneren befindet sich die *Gastrodermis*, die auch als Verdauungshöhle bezeichnet wird. Sie enthält Drüsenzellen,

Nesseltiere: Quallen, Korallen und Süßwasserpolypen

die Verdauungsenzyme abgeben, um Nahrung aufzuschließen. Ganz ähnlich wie bei uns. Außerdem sind in der Verdauungshöhle Nährzellen angeordnet, die anschließend die Nahrungspartikel aufnehmen. Dazu nutzen sie den bewährten Prozess der Phagozytose, also der Einverleibung der Nahrungsbestandteile ins Zellinnere mit anschließender Verwertung. Es ist dasselbe Prinzip, das auch die Fresszellen der Amöben und unseres Immunsystems anwenden, um Krankheitserreger zu verdauen und dadurch zu beseitigen.

Ebenfalls Teil der Verdauungshöhle der Nesseltiere sind sogenannte Zilien – haarförmige Zellfortsätze, die durch ihre Bewegung einen Wasserstrom erzeugen, mit dem Nahrung aufgenommen werden kann. Anhand des Bilds der Qualle können wir uns vorstellen, wie in deren Inneren diese Vorgänge ablaufen. Die Verdauungshöhle der Nesseltiere ist nichts Geringeres als der naturgeschichtliche Prototyp unseres Magen-Darm-Trakts. Auch Magen und Darm sind Einstülpungen und Höhlen, die der Verdauung dienen. Wie bei den Nesseltieren ist aus Sicht unseres Organismus alles, was sich in unserem Verdauungstrakt befindet, im *Außen* lokalisiert. Von der Mundhöhle bis zum After verfügen wir über einen durchgehenden, mit Schleimhaut ausgekleideten Hohlraum – eine komplexe »Verdauungshöhle«, in die wir unsere Nahrung aufnehmen. Unsere Verdauungsorgane geben ihre Enzyme und Verdauungssäfte in diese Höhle ab – aus Sicht des Körpers also nach außen. Was umgekehrt aus dem Magen-Darm-Trakt durch die Schleimhautbarriere in unseren Körper aufgenommen wird, unterliegt einer strengen Kontrolle durch unsere Schleimhautzellen. Es mag für viele eine ungewohnte Perspektive sein, aber biologisch gesehen ist der Inhalt unseres Verdauungstrakts tatsächlich im Außen lokalisiert – wie schon vor Hunderten Millionen von Jahren bei den Verdauungshöhlen der Cnidaria.

Die äußere Zellschicht der Nesseltiere wird als *Epidermis* bezeichnet – eine frühe Form der Haut. Sie grenzt den Organismus nach außen ab. Arten, die wie Nesseltiere im Wasser leben, werden von ihrer Umwelt regelrecht »umspült«. Sie sind Umwelteinflüssen in besonders intensiver Weise ausgesetzt. Damit sind wir auf einen wichtigen evolutionären Aspekt gestoßen, der mit einer zentralen Warum-Frage der Immunbiologie verbunden ist. Diese lautet: Warum entwickelten frühe Nesseltiere vor mehr als 500 Millionen Jahren das erste komplexe zelluläre Immunsystem im Tierreich? Die Antwort auf diese Frage heißt: Sie mussten lernen, sich vor dem gefährlichen Nicht-Selbst aus ihrer Umwelt zu schützen. Andernfalls wären sie ausgestorben.

Tatsächlich ergibt sich die evolutionäre Notwendigkeit eines effizienten Immunsystems aus der Tatsache, dass Nesseltiere die ältesten tierischen Lebensformen mit einem echten anatomischen Aufbau sind. Doch ihre Körper sind weich. Sie haben weder ein inneres Skelett, so wie wir, noch ein äußeres, so wie die Insekten, Tausendfüßer, Spinnen, Krebse, Skorpione und Muscheln. Auch ihre Epidermis verfügt noch nicht über eine so weit entwickelte und ausdifferenzierte Hautschutzbarriere wie bei »höheren« Tierformen und uns selbst. Ihre Epidermiszellen, die sich stets im direkten Kontakt zum Wasser befinden, sind

Pathogenen wie Bakterien, Viren und anderen Einzellern, die dort massenweise im Mikroplankton treiben, unmittelbar ausgesetzt. Dieser Umstand führte zu einer rasanten Entwicklung des Immunsystems bei Nesseltieren. Hinzukommt, dass einige Vertreter dieses Tierstamms äußerst lange leben. Tiefseekorallen können bis zu 4000 Jahre alt werden. Wer sich so lange in einem Gewässer voller Mikroben aufhält, braucht gute Abwehrkräfte.

Der Evolutionsbiologe Thomas Bosch schrieb über die Nesseltiere: »Was immer wir mit unserem eigenen angeborenen Immunsystem erleben, was immer wir darüber zu lernen hoffen, wir werden sehen, dass die Cnidaria uns schon zuvorgekommen sind.«[23] Dass Nesseltiere in der Lage sind, die aus den vorangegangenen Kapiteln bekannten PAMPS zu erkennen – molekulare Muster aus Pathogenen –, erscheint wenig überraschend. Immerhin sind dazu sogar die evolutionär viel älteren Bakterien, Cyanobakterien, Archaeen, Amöben und sonstigen Einzeller sowie Algen in der Lage.

Die naturgeschichtliche Epoche, in der sich die Nesseltiere am Beginn des Paläozoikums entwickelten, war das frühe Kambrium. Dieser Abschnitt der Erdgeschichte ist für die explosionsartige Zunahme an Lebensformen und einen sprunghaften Anstieg der Artenvielfalt bekannt. Mit ihren immunbiologischen Pionierleistungen waren die Nesseltiere also ursprünglich mitten in der naturgeschichtlichen Blütezeit der Biodiversität und der Ausformung des Lebens angesiedelt. Eine weitere biologische Besonderheit der Nesseltiere hat dazu geführt, dass ihr Immunsystem noch viel mehr leisten musste als bei evolutionär älteren

Lebewesen: Zahlreiche Arten der Nesseltiere leben als Kolonien zusammen. Diese Kolonien entstehen durch wiederholte Knospung und das Zusammenwachsen von Teilen eines einzigen Organismus. Besonders deutlich wird das bei den Korallen. Alle Korallen in einer zusammengehörigen Korallenkolonie sind genetisch identisch. Beim Aufeinandertreffen zweier Teile werden spezielle Nesselzellen im Kontaktbereich aktiviert, die überprüfen, ob es sich bei dem Gegenüber um ein Selbst oder Nicht-Selbst handelt. Die Fusion erfolgt nur mit einem genetisch identischen Teil, also einem Selbst. Hingegen wird das Gegenüber abgestoßen, wenn es als Nicht-Selbst erkannt wird. Zwar können genetisch unterschiedliche Nesseltiere benachbart miteinander leben, sodass beispielsweise ein Korallenriff nicht zur Gänze genetisch einheitlich sein muss, aber das Zusammenwachsen und Fusionieren zu einem gemeinsamen zusammenhängenden Organismus funktioniert nur zwischen genetischen Klonen.

Diese Unterscheidung zwischen genetisch gleichen Fusionspartnern gegenüber anderen Artverwandten, die aufgrund genetischer Unterschiede abgestoßen werden müssen, ist bereits als Immunfunktion zu betrachten. Mit einer Art »Rassismus« unter Meeresbewohnern hat dies nichts zu tun. Die genetische Gleichheit der Fusionspartner muss gewährleistet werden, um die Lebensabläufe in dem anwachsenden Superorganismus aufrechtzuerhalten. Sich mit einer genetisch unterschiedlichen Koralle zu vereinigen würde den Tod des Organismus bedeuten. Ein Nebeneinander genetisch unterschiedlicher Nesseltiere ist möglich, ihre Fusion aber nicht. Um zu verstehen, warum die Cnidaria zu evolutionären Spezialisten und Pionieren des Immunsystems wurden, müssen wir im Hinterkopf behalten, dass ihre Art des Lebens, Knospens und Wachsens von Natur aus ein permanentes Abtasten der Umwelt voraussetzt mit dem Ziel, Selbst und Nicht-Selbst voneinander abzugrenzen.

Die Zellen der Nesseltiere differenzieren bei Ablehnung eines Nicht-Selbst zwischen passiver und aggressiver Ablehnung. Passive Ablehnung bedeutet, dass die Fusion mit einem Artverwandten einfach nicht stattfindet, weil die genetische Kompatibilität nicht gegeben ist. Aggressive Ablehnung hingegen findet statt, wenn das Nicht-Selbst als Bedrohung identifiziert wird – sei es als Konkurrenz um Raum oder Nahrung oder als Parasit.

So entwickelten Nesseltiere beispielsweise Rezeptorproteine, die an der Oberfläche von Zellen angebracht sind und besonders effizient zwischen Freund und Feind unterscheiden können. Das war notwendig, weil Cnidaria von Mikroorganismen umschwärmt werden, von denen ein Teil pathogen und ein anderer Teil nützlich für sie ist. Nesseltiere leben in Symbiosen mit Algen und sogenannten *Zooxanthellen*. Das sind einzellige Organismen, die außen an den Nesseltieren ebenso leben wie in ihrer Verdauungshöhle. Sie unterhalten einen regen Stoffaustausch mit ihrem Wirtsorganismus. Da die Zooxanthellen Photosynthese betreiben, versorgen sie ihre Nesseltierpartner mit Zucker und anderen Kohlenhydraten, zum Beispiel Stärke. Diese Substanzen benötigen die Nesseltiere für ihre Energiegewinnung, Verdauung und Stoffwechselprozesse. Die Zooxanthellen entnehmen dem Nesseltier Kohlendioxid für ihre Photosynthese und nutzen den Körper des Nesseltieres, insbesondere Korallenriffe, als Schutz.

Da diese Mikroben auch *in* den Verdauungshöhlen der Nesseltiere leben, sind sie als Endosymbionten zu betrachten – ebenso wie die Mikroben in unserem Darm. Nesseltiere haben also nicht nur tierische Organe »erfunden«, sondern sind auch Pioniere des Zusammenlebens mit Mikroorganismen, die in diesen Organen Funktionen übernehmen. Umso wichtiger ist es für diesen alten Tierstamm, immunologisch effizient zwischen nützlichen und schädlichen Mikroben zu unterscheiden. Diese Aufgabe übernehmen die genannten Rezeptorproteine. Gegen Krankheitserreger werden Abwehrsubstanzen aktiviert, insbesondere Peptide, die als *Defensine* bezeichnet werden.[24]

Ein gut erforschter antimikrobieller Stoff der Cnidaria ist Pseudopterosin aus der Gruppe der Terpene, genauer gesagt der Diterpene. In der Humanmedizin wird dieser Wirkstoff bereits als entzündungshemmendes und schmerzstillendes Arzneimittel eingesetzt. Das Glykosid Eleutherobin wurde ebenfalls aus Nesseltieren isoliert. Die Substanz fördert nachweislich die Zellregeneration und weist antikarzinogene Eigenschaften auf. Sie wird als mariner Arzneistoff für den Einsatz in der Krebstherapie erforscht. Sarcodictyin befindet sich wegen seiner Wirkung gegen Tumorzellen in präklinischer Testung. Die Substanz wurde in Korallen gefunden.[25] Hunderte antibiotische Substanzen der Nesseltiere sind bekannt. Das in Quallen entdeckte Aurelin hat besondere wissenschaftliche Aufmerksamkeit auf sich gezogen, da es chemisch keinerlei Gemeinsamkeiten mit bisher bekannten antimikrobiellen

Wirkstoffen hat. Es hemmt die Vermehrung von Viren und behindert an den Membranen von Bakterien, die für Nesseltiere gefährlich werden können, den Transport von Kalium-Ionen durch den Kaliumkanal, sodass die Erreger nicht mehr überlebens- und vermehrungsfähig sind. Mehrere Tausend bioaktive Stoffe wurden aus dem Tierstamm der Cnidaria isoliert und warten darauf, näher erforscht zu werden. Cnidaria sind wie ein lebendes immunbiologisches »Labor« für Abwehrstoffe und potenzielle Arzneimittel.

Nesseltiere – ob Quallen, Korallen, Blumentiere oder Süßwasserpolypen – werden von einem einfachen neuronalen Netzwerk durchzogen. Sie gehören zu den ältesten Lebensformen mit Nervensystem. Auch in dieser Hinsicht sind sie evolutionäre Pioniere. Aus jüngeren Untersuchungen wissen wir, dass die Nervenzellen dieser marinen Lebensformen an der Immunaktivität beteiligt sind. Sie helfen, Signale zwischen den Rezeptoren des Immunsystems zu übertragen. So veranlasst das Nervensystem bei Bedarf über eine Kettenreaktion die Herstellung bestimmter Proteine, mit denen das Immunsystem dann die Erreger abwehrt.

Die Nesseltiere sind damit die ersten Lebensformen, bei denen ein *neuroimmunologisches Netzwerk* vorliegt. Nervensystem und Immunfunktionen kooperieren miteinander und beeinflussen sich gegenseitig. Dadurch laufen die Immunfunktionen der Nesseltiere nicht bloß lokal an den Zellen ausgerichtet ab, wie bei Pflanzen, sondern sind systemisch und ganzkörperlich koordiniert. Da auch die psychischen Abläufe bei Menschen und anderen Tie-

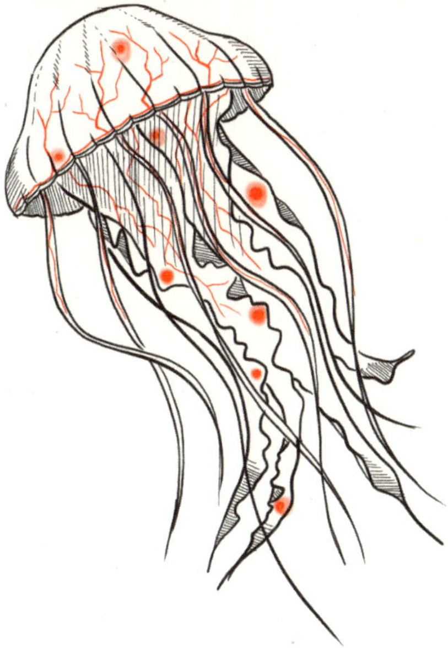

Die Qualle: ein Pionier des Nerven- und Immunsystems

ren mit dem Nervensystem zusammenhängen, ist es keine Übertreibung zu sagen, dass der heutige Forschungsgegenstand der *Psychoneuroimmunologie* mit den Nesseltieren seine naturgeschichtlichen Anfänge nahm. Diese Wissenschaft untersucht das Zusammenspiel von Immunsystem, Nervensystem und Psyche, insbesondere bei der menschlichen Spezies. Aufgrund unserer verwandtschaftlichen Nähe zu den Primaten werden Erkenntnisse der Psychoneuroimmunologie außerdem auch bei Menschenaffen gewonnen.

Wie die Taufliege dem Immunsystem »Geist« einhauchte

Seit 300 bis 400 Millionen Jahren bevölkern Insekten die Erde. Sie betraten die Naturbühne im Devon im mittleren Paläozoikum und waren anfangs wesentlich größer als heute. Vor 150 Millionen Jahren änderte sich das. Die Größe der meisten Insektenarten verringerte sich auf die uns bekannten Dimensionen. Die Taufliege *Drosophila melanogaster*, naturgeschichtlich etwa 40 Millionen Jahre alt, der frühen Erdneuzeit entstammend und heutzutage manchmal auch »Schwarzbäuchige Taufliege« oder »Schwarzbäuchige Fruchtfliege« genannt, gehört zu den am besten erforschten Lebewesen der Erde. Das liegt unter anderem an ihrer besonderen Bedeutung für das evolutionäre Verständnis des Immunsystems. Viele Erkenntnisse über unsere eigenen angeborenen Immunfunktionen verdanken wir der regen Forschung an Taufliegen.

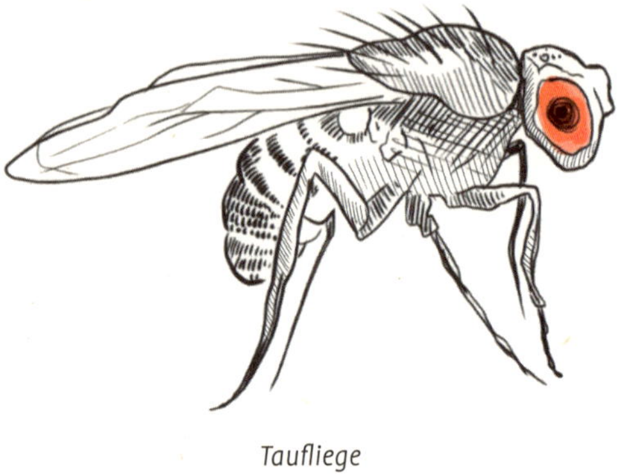

Taufliege

1865 entdeckte der französische Biochemiker und Physiker Louis Pasteur, dass Mikrosporidien – das sind mikroskopische Pilze, die als Parasiten leben – bei Seidenspinnern die Pébrine-Krankheit oder Flecksucht auslösen. Seidenspinner gehören den Schmetterlingen an. Infizierte Raupen sind von schwarzen Flecken übersäht und verlieren die Fähigkeit, sich einzuspinnen. Da sich der Parasit im Frankreich des 19. Jahrhunderts epidemisch verbreitete, stand die französische Seidenindustrie in den 1860er-Jahren kurz vor dem wirtschaftlichen Bankrott. Das änderte sich erst, als Pasteur 1870 feststellte, dass die Entwicklung des Parasiten von infizierten Eiern ausgeht. Er fand eine Methode, diese zu erkennen und vor der Anzucht der kostbaren Insekten auszusortieren. Pasteurs Entdeckung richtete die Aufmerksamkeit der damaligen Forschung auf Insekten und deren Pathogene.

Ein weiterer Meilenstein im Verständnis von Infektionskrankheiten gelang dem kubanischen Mediziner Carlos Finlay im Jahr 1865. Er fand heraus, dass Gelbfieber durch Moskitos auf Menschen übertragen wird, und rückte damit Insekten ein weiteres Mal in den Mittelpunkt infektiologischer Untersuchungen. Natürlich ahnte Finlay zum damaligen Zeitpunkt noch nicht, dass Gelbfieber von einem Vertreter der Flaviviren ausgelöst wird, da das erste Virus erst 1892 in Tabakpflanzen identifiziert wurde. Allerdings wusste man im 19. Jahrhundert nicht zuletzt durch die Arbeiten des ungarischen Chirurgen und Geburtshelfers Ignaz Semmelweis, dass Krankheiten durch Pathogene, die mit freiem Auge nicht sichtbar sind, von Lebewesen zu Lebewesen übertragen werden können. Immerhin hatte auch

Edward Jenner bereits 1796 einen Impfstoff gegen Pocken entwickelt – ebenfalls ohne genaue Kenntnis des viralen Erregers.

Zu Beginn des 20. Jahrhunderts hatte die Wissenschaft bei der Erkundung der mikrobiellen Besiedelung von Insekten volle Fahrt aufgenommen. Es dauerte aber noch bis in die 1960er-Jahre, bis die Forschenden vollumfänglich verstanden hatten, dass auch Insekten, genauso wie Menschen, von Bakterien, Pilzen, anderen Einzellern und Viren befallen werden und sie bei der Übertragung von Erregern auf den Menschen oft eine Rolle als Zwischenwirte spielen. 1972 legte der Biowissenschaftler Hans Bomann eine Arbeit über Abwehrmechanismen der Taufliege gegen Bakterien vor. Diese Publikation gilt als Meilenstein der Immunbiologie und begründete eine bis heute anhaltende immunologische Forschungstradition an dieser Insektenart. In den 1990er-Jahren wurden zahlreiche antibiotische Substanzen aus dem Immunsystem der Taufliegen identifiziert: Defensin, Diptericin, Drosocin und Attacin sind Antibiotika der Taufliegen, die auch in der Humanmedizin Verwendung finden. Drosomycin ist ein Antimykotikum, also ein Antipilzmittel, das ebenfalls in Taufliegen entdeckt wurde und medizinisch genutzt wird.

Diese Abwehrsubstanzen werden nach demselben Prinzip, das wir schon von den Nesseltieren kennen – also nachdem ein Rezeptor des Immunsystems die molekularen Strukturen oder PAMPS eines Erregers erkannt hat –, im Taufliegenorganismus angereichert. Allerdings verfügen Insekten über Rezeptorproteine, die im Vergleich zu denen der Nesseltiere evolutionär fortgeschritten sind.

Es handelt sich um *Toll-Rezeptoren*. Diese wurden in den Neunzigern erstmals bei Taufliegen an den Oberflächen von Zellen entdeckt und untersucht. Der Name der Rezeptorproteine entstammt der deutschen Sprache. Tatsächlich fanden deutschsprachige Wissenschaftlerinnen und Wissenschaftler ihre Entdeckung so *toll*, dass sie die Rezeptoren entsprechend benannten.[26] Angeregt durch die neue Erkenntnis, wurden bald darauf ähnliche Rezeptorproteine bei uns Menschen gefunden, weshalb sie als »toll-like«, das heißt »toll-ähnliche«, Rezeptoren (TLR) bezeichnet wurden. Wie bereits erwähnt, werden wir uns mit diesen wichtigen Rezeptorproteinen unseres angeborenen Immunsystems noch genauer auseinandersetzen – aber alles der Reihe nach. Wir bleiben vorerst bei den Insekten und den originalen Toll-Rezeptoren der Taufliege.

Die Toll-Rezeptoren reagieren auf Bakterien, die als *gram-positiv* bezeichnet werden. Das sind solche, die sich mit einer durch den Bakteriologen Hans Gram im Jahr 1884 entwickelten Methode unter dem Mikroskop einfärben lassen. Außerdem reagieren die Toll-Rezeptoren der Taufliege auf pilzliche Erreger. Zur Erkennung von gramnegativen Bakterien, die sich nicht nach Grams Methode färben lassen, liegt ein zweites Rezeptorsystem vor, das als IMD-System bezeichnet wird. Es funktioniert prinzipiell ähnlich wie das Toll-System, das wir in dieser Betrachtung in den Mittelpunkt rücken.

Anders als bei uns Menschen, wo vergleichbare Rezeptoren auch direkt mit molekularen Strukturen von Pathogenen interagieren, werden die Toll-Rezeptoren der Taufliege immer indirekt aktiviert, wenn ein Bakterium oder Pilz im

Bereich der Zelle anwesend ist. Enzyme des Immunsystems, die man Serinproteasen nennt, reagieren zuerst direkt auf die Pathogene. Diese Enzyme aktivieren dann ein anderes Immunprotein, das als *Spätzle* bezeichnet wird, weil seine molekulare Struktur einige Wissenschaftlerinnen und Wissenschaftler an bayrische Hausmannskost erinnert. Die Namensgebung innovativer Entdeckungen in der Immunbiologie fällt häufig kreativ aus. Am Ende ist es die Aufgabe von Spätzle, die Toll-Rezeptoren »anzustupsen« und über die Anwesenheit eines bestimmten Erregers zu informieren.[27] Dieser Vorgang ist ein hervorragendes Beispiel für Kettenreaktionen im Immunsystem, die *Kaskaden* genannt werden.

Das Protein Spätzle erfüllt dabei die gleiche Aufgabe, die bei uns Menschen und anderen Säugetieren den *Zytokinen* zukommt. Sie dienen als Mediatoren und Auslöser immunologischer Reaktionen und steuern die Stärke der Reaktion. Im Immunsystem der Taufliegen sind noch weitere Proteine aktiv, die ähnlich wie Zytokine Abwehrreaktionen auslösen und regeln. Sie tragen klingende Namen wie *Schlange* oder *Kaktus.* Geradezu schöngeistig klingt die Bezeichnung eines weiteren Proteins, das an Kettenreaktionen im Insektenimmunsystem beteiligt ist, die zur Aktivierung von Toll-Rezeptoren führen. Das Protein heißt *Spirit.* Der »Geist« des Immunsystems wurde also in Taufliegen entdeckt.

Sind die Toll-Rezeptoren erst einmal aktiviert und über das proteinbasierte Informationssystem durch Spätzle, Schlange, Kaktus und Spirit mit Angaben über die Art des eingedrungenen Erregers ausgestattet, aktivieren sie ih-

Kaktus

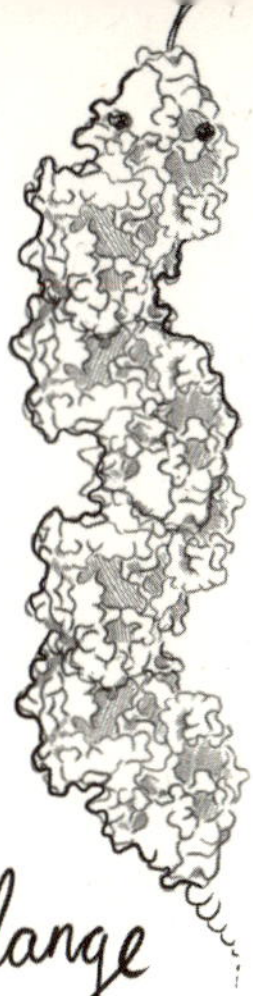

Schlange

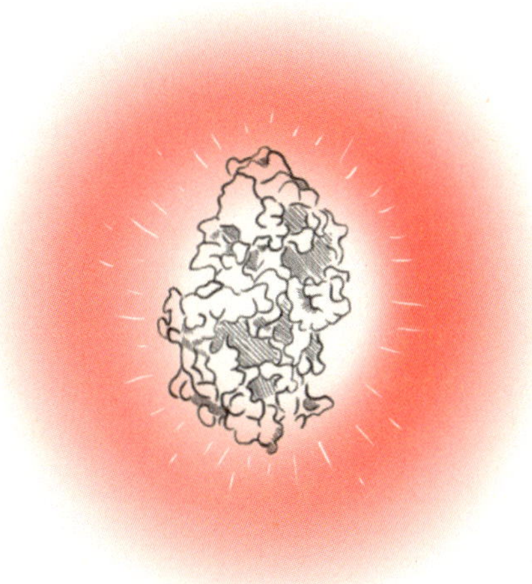

spirit

Immunproteine mit klingenden Namen

rerseits gezielt die jeweiligen Gensequenzen, die die Baupläne für benötigte Abwehrstoffe und Antibiotika enthalten. Die Toll-Rezeptoren aktivieren aber auch das zelluläre Immunsystem. Das angeborene Immunsystem der Taufliegen und anderer Insekten verfügt im Gegensatz zu den Nesseltieren nämlich über spezialisierte *Immunzellen*, die gegen Eindringlinge vorgehen. Ihre wichtigsten Aufgaben sind das Einkapseln von Krankheitserregern sowie deren Phagozytose – das »Auffressen«. Drei verschiedene Typen von Zellen aus dem Blut der Taufliegen sind daran beteiligt: Lamellenzellen, Plasmazellen und Kristallzellen.

Für die Einkapselung von Krankheitserregern sind die Lamellenzellen zuständig. Nicht nur Bakterien, Viren und Einzeller, sondern auch die Eier von Parasiten gehören zu ihren Zielen. Beispielsweise legen parasitisch lebende Wespen ihre Eier in die Larven und Puppen der Taufliegen. Lamellenzellen spüren diese Eier auf, umlagern sie und schließen sie durch Einkapselung aus dem Organismus der Larve oder Puppe aus. Das muss innerhalb von 24 Stunden nach der Eiablage geschehen. Gelingt dies nicht, schlüpft die Wespenlarve, tötet die größere Taufliegenlarve ab und nutzt sie zu ihrer eigenen Entwicklung. Zwischen Taufliegen und der parasitischen Wespe *Trichopria drosophilae*, die keinen deutschen Namen hat, ist im Rahmen der Co-Evolution ein Gleichgewicht entstanden. Die Wespen haben bei der Eroberung von Taufliegenlarven oft genug Erfolg, um als Art zu überleben, während die Lamellenzellen der Taufliegenlarve auch oft genug bei der Abwehr des Parasiten erfolgreich sind, sodass die Fliegenart nicht ausstirbt. Biologinnen und Biologen sprechen von einem fort-

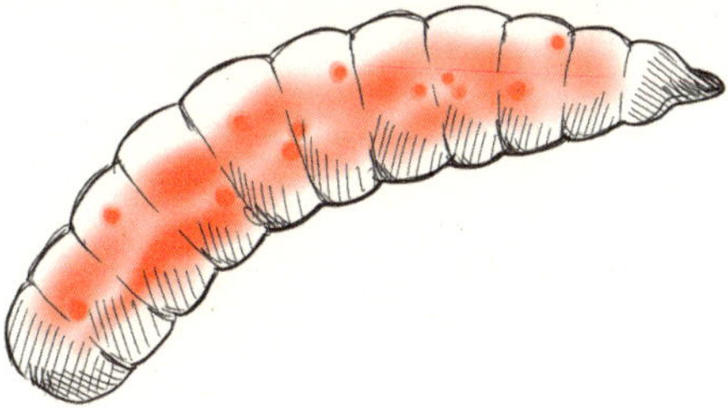

Immunaktive Taufliegenlarve

währenden »Wettrennen« zwischen Parasiten und Wirtsorganismen. Die Immunfunktionen, die den Taufliegen in diesem Wettrennen zur Verfügung stehen, setzen bereits in der Larve ein.
Durch das winzige Insektenherz angetrieben, zirkulieren Plasmazellen in großer Anzahl im Blutkreislauf der Taufliegen sowie ihrer Larven und halten nach Erregern Ausschau. Sie sind in der Lage, direkt auf Viren, Bakterien und andere Pathogene zu reagieren. Die Plasmazellen entsprechen am ehesten unseren Fresszellen.[28] Sie umfließen Pathogene und verleiben sie sich im Rahmen der Phagozytose ein, um sie zu verdauen. Dieses alte und bewährte Prinzip begegnet uns bei der Evolution des Immunsystems immer wieder. Die Plasmazellen können von weiteren Rezeptorproteinen aktiviert werden, wenn diese einen Erreger feststellen. Ein solcher Rezeptor trägt zum Beispiel den Namen *Eater* oder »Fresser«. Er ist darauf spezialisiert, bestimmte Erreger von Insektenkrankheiten wie das Kolibakterium *Escherichia coli* und verschiedene Staphylokokken zu erkennen. Daraufhin meldet Eater den Plasmazellen die bakterielle Gefahr und animiert sie, diese

aufzufressen. Ein anderes Rezeptorprotein namens *Peste* veranlasst die Immunzellen der Insekten, Listerien zu verschlingen, die auch uns Menschen aus Lebensmittelskandalen bekannt sind. Denn die Aufnahme dieser Bakterien aus kontaminierten tierischen Lebensmitteln löst bei Menschen Listeriose aus – eine Magen-Darm-Infektion. Auch Insekten und vor allem Insektenlarven können durch Listerien geschädigt oder getötet werden. In den vergangenen Jahren wurden zahlreiche auf die Erkennung bestimmter Krankheitserreger spezialisierte Rezeptorproteine des Taufliegenimmunsystems gefunden – funktionelle Verwandte unserer Zytokine.

Kristallzellen befinden sich im Gegensatz zu den Plasmazellen überwiegend lokal im Gewebe der Fliegen. Nur ein geringer Teil von ihnen zirkuliert im Blut. Die Aufgaben der Kristallzellen umfassen unter anderem die Melanisierung von Krankheitserregern und Fremdstoffen. Das heißt, die Partikel werden durch das Pigment Melanin, das wir aus unserer Haut kennen, eingeschlossen und immobilisiert, also unbeweglich und unschädlich gemacht.[29] Bei Insekten ist Melanin eine Substanz des Immunsystems. Bei uns dient es vor allem der Pigmentierung, das heißt als Schutz vor schädlicher UV-Strahlung. Doch auch das kann im entferntesten Sinne als Immunfunktion betrachtet werden: als Schutz vor krank machenden Umwelteinflüssen.

Naturgeschichtlich haben Wirbeltiere ihre Wurzeln in Organismen, die oft wie Korallen am Meeresboden festsitzen. Diese sogenannten Manteltiere sind die nächsten noch lebenden Verwandten aller Wirbeltiere, denen auch unsere eigene Spezies zugerechnet wird. Manteltiere werden im Fachjargon auch als *Urochordata* bezeichnet. Sie besitzen eine *Chorda dorsalis*, also einen stabförmigen Stützapparat, genannt »Chorda«, der sich dorsal, das heißt am Rücken, befindet. Aus diesem Stützapparat ist im Verlauf der Evolution unsere Wirbelsäule hervorgegangen. Die ersten Manteltiere haben sich vor ungefähr 570 Millionen Jahren entwickelt – sie sind Wesen des jungen Proterozoikums.

Die Manteltiere verfügen bereits über nahezu alle Funktionen, die wir in fortgeschrittener Form auch in unserem angeborenen Immunsystem finden. Aber sie sind nicht zu adaptiven Immunreaktionen mit der Bildung von Antikörpern in der Lage. Immunproteine, Rezeptoren und effiziente antibiotische Substanzen gehören wie bei den Insekten und Nesseltieren auch bei den Manteltieren zur immunologischen Grundausstattung. Dicynthaurin, ein antimikrobielles Peptid aus Blutzellen der Manteltiere, ist für sein besonders breites Wirkungsspektrum gegen zahlreiche bakterielle Erreger bekannt.[30] Styelin A und B, zuerst in Manteltieren entdeckt, werden in der Humanmedizin bereits als Breitbandantibiotika eingesetzt.[31] In einigen Arten dieses Tierstamms wurden Rezeptorproteine gefunden, die in der Zusammensetzung und Funktion den Toll-Rezeptoren der Taufliege ähneln.

Manteltiere: »Erfinder« der Riesenfresszellen und natürlichen Killerzellen

Im Zusammenhang mit der Naturgeschichte des menschlichen Immunsystems sind die Manteltiere besonders interessant. In ihnen wurden nämlich Abwehrzellen gefunden, die unseren *natürlichen Killerzellen* (NK-Zellen) stark ähneln und die man als deren evolutionäre Prototypen betrachten kann.[32] Sind Körperzellen von Erregern befallen, öffnen diese frühen Killerzellen die äußeren Membranen der Eindringlinge, um sie anschließend abzutöten. Das tun sie – erstmals in der Geschichte des Immunsystems – mithilfe des Immunproteins *Perforin.* Dieser Vorgang wird auch als *Membranattacke* bezeichnet – bei den frühen Killerzellen der Manteltiere ebenso wie bei unseren. Wie unsere eigenen natürlichen Killerzellen sind auch jene der Manteltiere dazu in der Lage, Bakterien, Viren und andere pathogene Einzeller direkt abzutöten. Außerdem können sie entartete Zellen beseitigen, die ein Gesundheitsrisiko für den Organismus des Manteltiers darstellen. Diese wichtige, vor Tumoren schützende Wirkung findet bei unseren eigenen natürlichen Killerzellen auf einem noch höheren Niveau statt – wir werden uns damit noch befassen.

Das zelluläre Immunsystem der Manteltiere verfügt zudem über *Fresszellen*, die unseren Makrophagen oder Riesenfresszellen ähneln und als deren Prototypen angesehen werden. Dass auch evolutionär sehr alte Organismen wie Amöben über bakterienfressende Phagozyten verfügen, habe ich bereits geschrieben. Die Plasmazellen der Taufliegen erfüllen ebenfalls die Aufgaben von Fresszellen. Die Fresszellen der Manteltiere können aber zusätzlich ins Körpergewebe übertreten und dort kooperative Netzwerke bilden. Sie verfügen über eigene Rezeptorproteine, mit denen sie molekulare Strukturen von Pathogenen identifizieren. Nach Aufnahme und Verdauung der Pathogene präsentieren sie deren Antigene an ihrer eigenen Zelloberfläche, um weitere Immunzellen auf die Eindringlinge aufmerksam zu machen. Diese Fähigkeiten der Riesenfresszellen sind bei uns Menschen hoch ausdifferenziert. Bei unseren alten Verwandten aus der Meerestiefe, den Manteltieren, waren diese Fertigkeiten bereits in einfacher Form angelegt.

So gesehen sind Manteltiere die naturgeschichtlichen »Erfinder« nicht nur der natürlichen Killerzellen, sondern auch der Riesenfresszellen als besonders effizienter Form der Phagozyten.

TEIL 2

Immunität bei Menschen und anderen Wirbeltieren

KAPITEL 4

Innovationen bei Wirbeltieren – Von der Immunzelle zu den Antikörpern

Mit der Darstellung der Manteltiere haben wir in unserer Naturgeschichte die Schwelle ins Reich der Wirbeltiere betreten. Denn wie erwähnt ging die Wirbelsäule aus dem einfachen Stützrohr der Manteltiere hervor. Mit dem Übergang zu den Wirbeltieren dringen wir auch zum adaptiven oder erworbenen Immunsystem vor, das Lebewesen dazu befähigt, sich durch Antikörper gezielt gegen Erreger zu schützen, mit denen sie in Kontakt kommen. Wir nähern uns einer der größten Warum-Fragen der Immunbiologie: Warum kamen die Antikörper in die Welt? Die Suche nach Antworten auf diese Frage wird uns einem umfassenden Verständnis der Funktionsweise des menschlichen Immunsystems näherbringen, mit dem sich dieser Buchteil in weiterer Folge auseinandersetzt.

Der Big Bang der Immunbiologie

Pathogene Organismen entwickeln in der Co-Evolution mit ihren Wirtsorganismen laufend neue Strategien, um dem Immunsystem der Wirte zu entkommen. Dieses Wettrennen findet zwischen Bakterien und Bakteriophagen,

Algen und Viren, Amöben und Bakterien, Tabakpflanzen und Tabakmosaikviren, Nesseltieren und pathogenen Einzellern aus dem Meerwasser, Taufliegen und parasitischen Wespen, Fledermäusen und Coronaviren, Menschen und Influenzaerregern – kurzum: quer durch die gesamte Biodiversität – ununterbrochen statt. Immunantworten bei Wirtsorganismen werden an Veränderungen der Erreger angepasst, während diese durch Mutation und natürliche Selektion neue Strategien entwickeln, um dem Immunsystem der Wirte zu entfliehen. Das nennt man *Immun Escape.*

Mit fortschreitender Evolution der Vielzeller kam es dabei zu einem immer größeren Nachteil der Tiere, Menschen und Pflanzen gegenüber den Mikroben. Diesen Nachteil nennen Evolutionsbiologinnen und Evolutionsbiologen *Generation Gap,* also »Generationenlücke«. Wir könnten auch von einem »Generationsvorsprung« der Mikroorganismen gegenüber uns Vielzellern sprechen. Das bedeutet, dass Mikroben sich weitaus schneller fortpflanzen und vermehren können als die meisten komplexeren Lebewesen. Ihr Generationswechsel – also die Zeit, die von einer Generation zur nächsten vergeht – ist viel kürzer und schneller als bei ihren höher entwickelten Wirtsorganismen.

Damit eine evolutionäre Anpassung nachhaltig wirksam wird, muss sie in der Keimbahn einer Spezies fixiert sein. Das heißt, sie muss auf stabile Weise genetisch vererbt und von Generation zu Generation weitergegeben werden. Viele Bakterien und andere Einzeller haben eine Generationszeit von einigen Minuten. Adaptionen und genetische Neuerungen können viel rascher in ihrer Keimbahn festgeschrieben werden als bei uns Menschen, Tieren und Pflanzen. Gehen wir davon aus, dass beim *Homo sapiens* die Generationszeit 20 Jahre beträgt, so sind Bakterien bei ihrem Generationswechsel 500 000 bis 600 000 Mal schneller als wir. Ihre evolutionäre Taschenuhr tickt im Eiltempo – und lässt die schwerfällige Pendeluhr der menschlichen Stammesentwicklung weit hinter sich zurück.

Wenn wir die Frage stellen, *warum* sich in Wirbeltieren bei fortgeschrittener Naturgeschichte ein adaptives Immunsystem mit Antikörpern entwickelte, so lautet die Antwort: weil vielzellige Lebensformen einen Weg finden mussten, den evolutionären Nachteil der Generationslücke gegenüber den Mikroben auszugleichen. Erst ein adaptionsfähiges Immunsystem ermöglicht es einem Organismus, während seines langen Lebens auch kurzfristig auf die schnelle Evolution der Krankheitserreger zu reagieren und Immunfunktionen in einem genetisch festgelegten Rahmen anzupassen.

Über das Wirbeltier aus dem Ordovicium im frühen Paläozoikum, das zum ersten Mal eine Form von Anti-

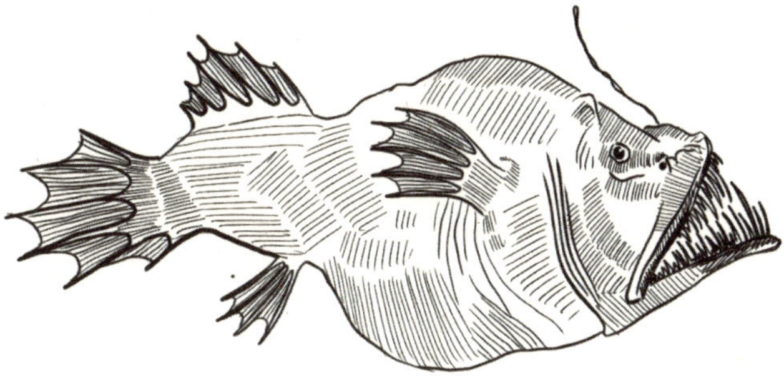

Ein paläozoischer Fisch entwickelte Antikörper und leitete die Ära des adaptiven Immunsystems ein

körpern bildete und damit die 450 Millionen Jahre alte Tradition des adaptiven oder erworbenen Immunsystems begründete, ist wenig bekannt. Einer in der Evolutionsbiologie allgemein akzeptierten Theorie zufolge, handelte es sich bei diesem Pionierorganismus um einen mittlerweile ausgestorbenen Fisch mit Kiefern. Nur Lebensformen, die diesem paläozoischen Fisch in der Entwicklungslinie nachfolgen, verfügen über die immunbiologische Neuerung und sind zur Bildung von Antikörpern und erworbenen Abwehrkräften in der Lage. Das betrifft alle Wirbeltiere mit Kiefern, von den Fischen, Amphibien und Reptilien bis zu den Vögeln und Säugetieren inklusive uns selbst. Nur die kieferlosen Wirbeltiere, die nicht in einer Entwicklungslinie mit dem paläozoischen Fisch stehen, verfügen über kein adaptives Immunsystem. Diese Wirbeltiere aus der Gruppe der Rundmäuler sind aber nahezu alle ausgestorben. Heute werden sie nur noch von den Neunaugen und Schleimaalen vertreten.

Das Auftreten der ersten Antikörper vor 450 Millionen Jahren bezeichnen Biowissenschaftlerinnen und Biowissenschaftler als »Big Bang der Immunbiologie«. Mit diesem »Urknall« begann die Naturgeschichte der Antikörper.

Fortgeschrittene Immunfunktionen bei Zebrafischen

Wie Taufliegen sind auch Zebrafische häufige Modellorganismen der modernen Immunbiologie. Während der ersten vier bis sechs Wochen ihres Lebens sind die jungen Zebrafische noch ausschließlich auf ihr angeborenes zelluläres Immunsystem angewiesen und noch nicht zur Bildung von Antikörpern in der Lage. Danach steht ihnen die Adaptionsfähigkeit ihres erworbenen Immunsystems zur Verfügung. Sie werden zwei bis fünf Jahre alt.

Das zelluläre Immunsystem der Zebrafische ist bereits mit den gleichen wesentlichen »Geschützen« ausgestattet wie unser eigenes. Es bildet eine effiziente, permanent aktive Hintergrundimmunität, die wie ein Schutzschirm die Gesundheit der Meeresbewohner vor schädlichen Einflüssen bewahrt. Sogenannte NCC-Zellen der Zebrafische stehen unseren natürlichen Killerzellen noch näher als die älteren Prototypen bei den Manteltieren. »NCC« steht für *Non-Specific Cytotoxic Cells*, also »nicht spezifische zytotoxische Zellen«. Nicht spezifisch sind sie insofern, als sie nicht auf die Bekämpfung bestimmter Erreger, zum Beispiel der Bakterien, spezialisiert sind. »Zytotoxisch«

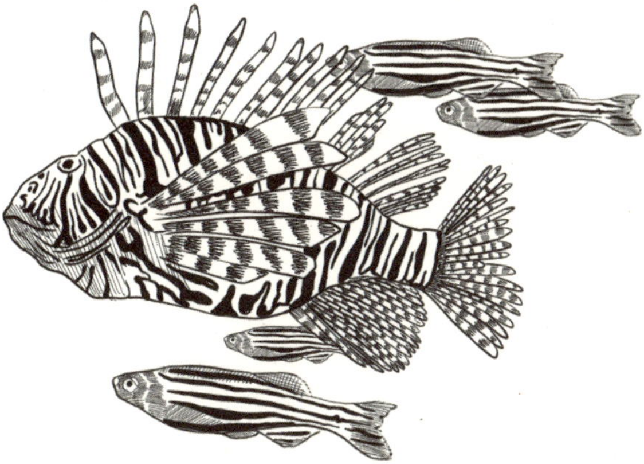

Der Zebrafisch verfügt wie wir Menschen über eine adaptive Immunantwort

bedeutet, dass sie Zellen vergiften und abtöten können – bakteriell oder viral infizierte Zellen ebenso wie Zellen mit DNA-Schäden oder potenzielle Tumorzellen. Sie sind eine Art »Gesundheitspolizei« des Immunsystems.

Diese Beschreibung würde insgesamt auch auf unsere natürlichen Killerzellen zutreffen. Doch trotz vieler Gemeinsamkeiten spricht die Immunbiologie bei den NCC-Zellen der Zebrafische noch nicht von echten natürlichen Killerzellen, sondern von deren Vorläufern. Beispielsweise sind NCC-Zellen weniger effizient beim Abtöten infizierter und gefährlicher Zellen. Dagegen sind natürliche Killerzellen regelrechte »Serienkiller«. Sie eliminieren in derselben Zeit eine weit höhere Anzahl betroffener Zellen als die NCC-Zellen des Zebrafisches. Des Weiteren verfügen die Killerzellen der Säugetiere über eine höhere Zahl von Immunproteinen, die sie nutzen, um infizierte Zellen und Krebszellen zu töten. Die Anzahl der »Waffen« der NCC-Zellen ist dagegen geringer. Trotzdem erfüllen NCC-Zellen und natürliche Killerzellen dieselben Aufgaben und folgen beide einer ähnlichen Arbeitsweise.

Neben den altbekannten Fresszellen verfügt das zelluläre Immunsystem des Zebrafisches über evolutionär fortgeschrittene Riesenfresszellen, deren Fähigkeiten sich etwa mit denen der Säugetier-Fresszellen decken, sowie über B-Zellen und einige Formen der T-Zellen. Mit diesen Zelltypen hebt sich der Fischorganismus von allen bisher behandelten Lebensformen ab. Die B- und T-Zellen bilden nämlich den Übergangsbereich zum adaptiven Immunsystem. Das Gedächtnis und die schnelle Lernfähigkeit des Immunsystems der Wirbeltiere werden durch Vertreter aus der Gruppe der T-Zellen erst ermöglicht. Sie speichern nach dem Kontakt zu einem neuen Erreger die einstudierten Immunantworten ab, sodass diese bei erneutem Erregerkontakt rasch abgerufen und wiederholt werden können. Dabei spielen die T-Zellen in einem Team mit den B-Zellen, in denen die Antikörper gegen einen Erreger schließlich heranreifen. B-Zellen sind die Produzenten der Antikörper.

Fische sind durch diese neuen Zelltypen also in der Lage, Antikörper zu bilden – und damit seit ihren paläozoischen Vorfahren erstmals die Protagonisten des adaptiven Immunsystems herzustellen. Im nächsten Kapitel über das Immunsystem des Menschen und anderer Säugetiere werden wir die Funktionen der T- und B-Zellen genauer studieren.

KAPITEL 5

Das Immunsystem der Säugetiere – Angeborene Hintergrundimmunität und erworbene Immunität

Alle Lebensformen, die in diesem Buch bisher vorgestellt wurden, sind Pioniere und Trendsetter in der Naturgeschichte des Immunsystems. Ihre Leistungen haben in einem andauernden Entwicklungsprozess zur Entstehung der komplexen Abwehrfunktionen der Säugetiere geführt. Der Rest dieses Buchteils beleuchtet die Funktionsweise des Immunsystems der Säugetiere mit einem Fokus auf unserer eigenen Spezies. Dabei beginnen wir mit einem genaueren Blick auf unsere Abwehrorgane und das zelluläre Immunsystem, das uns als immunologischer Hintergrundschirm angeboren ist, ähnlich wie bei den Nesseltieren, Insekten, Manteltieren, Pflanzen und so weiter. Gleich im Anschluss widmen wir uns in den Abschnitten über T- und B-Zellen, Antikörper und Kreuzimmunität den Details unseres adaptiven Immunsystems. Die Übergänge zwischen dem zellulären und dem erworbenen Immunsystem sind fließend. Die T- und B-Zellen, die zur Bildung von Antikörpern beitragen, können bereits zu den erworbenen Abwehrkräften zählen.

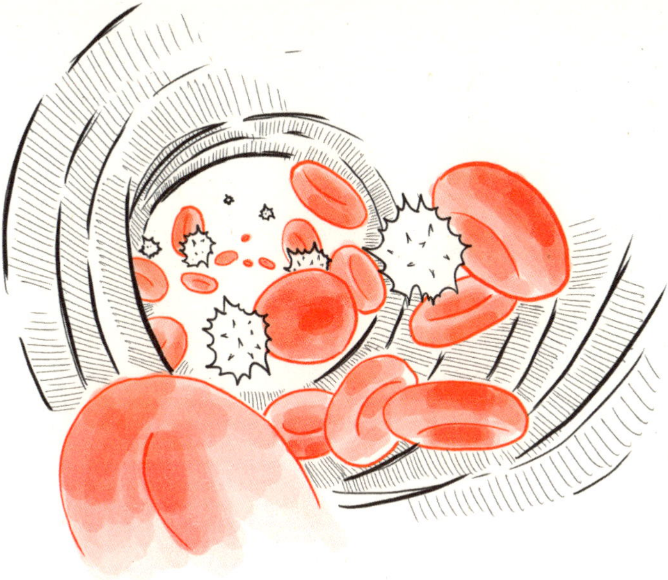

Weiße Blutkörperchen, die Immunzellen unseres angeborenen Abwehrsystems

Unsere Abwehrorgane: Basis der Abwehrkräfte

Wir verfügen gemeinsam mit vielen anderen Säugetieren über spezialisierte Gewebeformen, die als »Organe des Immunsystems« bezeichnet werden können. Wie alle tierischen Organe sind auch diese durch eine im Laufe der Naturgeschichte zunehmende Arbeitsteilung und Spezialisierung der Zellen von vielzelligen Organismen entstanden. Dieser Entwicklungsprozess lässt sich evolutionär bis zu den frühen Versuchen des Zusammenlebens von Zellen als Amöbenkolonien oder in Form der Algenkugel Volvox zurückverfolgen. Mit zunehmender Spezialisierung und Differenzierung von Zelltypen verloren die Einzelzellen ihre Überlebensfähigkeit.

Die Zellen unseres angeborenen Immunsystems werden in den *primären Immunorganen* gebildet. Das sind Knochenmark und Thymusdrüse. Über Blut- und Lymphgefäße, die den Säugetierkörper durchziehen, gelangen die Immunzellen aus den primären in die *sekundären Immunorgane* und in alle Körpergewebe, in denen sie benötigt werden. Sekundäre Immunorgane sind Milz, Lymphknoten und das diffuse Lymphgewebe.

Im *Knochenmark* – bei Erwachsenen vor allem im Becken und Brustbein, bei Kindern außerdem in Armen und Beinen – werden aus Stammzellen die Vorläufer aller unserer Blutzellen gebildet, darunter auch die Vorläufer der weißen Blutkörperchen, die unser angeborenes zelluläres Immunsystem darstellen. Die weißen Blutkörperchen werden auch *Leukozyten* genannt. Besondere Formen der Leukozyten sind die *Lymphozyten*: B-Zellen, T-Zellen und natürliche Killerzellen.

In der griechischen Antike galt die *Thymusdrüse* oder der *Thymus* als Sitz der menschlichen Seele. Der griechische Begriff *thymos* bedeutet »Lebenskraft«. Die biologische Funktion dieses Organs wurde erst in den 1950er-Jahren entdeckt. Bis dahin waren Aufgabe und Nutzen der Thymusdrüse im Körper von Menschen und Säugetieren der Biologie und Medizin unbekannt. Diese Erkenntnis geht auf einen wenig erfreulichen Tierversuch in Australien zurück. Forscherinnen und Forscher entfernten die Thymusdrüsen neugeborener Mäuse. In der Folge stellten sie fest, dass deren Immunsysteme dadurch schwerwiegend geschädigt und sie weitaus anfälliger als ihre Schwestern und Brüder waren, denen die Drüse nicht entfernt worden war. Inzwischen wissen wir, dass die Thymusdrüse eine Art Schule für Immunzellen, insbesondere für T-Zellen, darstellt und als Schaltzentrale des Immunsystems bei Menschen und Säugetieren anzusehen ist. Manche Biologinnen und Biologen sprechen auch vom »Gehirn« des Immunsystems.

Die Thymusdrüse gehört zu den lymphatischen Organen. In diesem Gewebe reifen die naiven, also ursprünglichen T-Zellen heran und differenzieren sich zu unterschiedlichen Arten, die sich auf die Erkennung jeweils verschiedener Antigene von Krankheitserregern spezialisieren. Im Zuge des Reifungsprozesses bekommen die T-Zellen durch das Gewebe der Thymusdrüse Antigene von Erregern präsentiert und werden auf die Erkennung derselben »programmiert« oder »geschult«. Antigene, eigentlich *Antikörpergeneratoren* genannt, sind nichts anderes als molekulare Strukturen, zum Beispiel Proteine, die einen bestimmten Erreger kennzeichnen. Die Summe aller Antigene, die die Gesamtheit der T-Zellen in der Thymusdrüse zu erkennen lernt, nennt man in der Immunbiologie *Antigenrepertoire.*

Die Heranreifung der T-Zellen in der Thymusdrüse, von der auch der Name dieser Immunzellen abgeleitet wurde, ist ein verschwenderischer Prozess. Nur zehn Prozent der reifenden T-Zellen bestehen beim Menschen und anderen Säugetieren den »Schulabschluss« in der Thymusdrüse. Der Grund dafür ist die harte Selektion der T-Zellen nach ihrer Eignung. Nur jene, die auf Antigene effizient reagieren, aber nicht auf körpereigenes Material, werden reif in die Blutbahn entlassen. Dadurch sollen Autoimmunreaktionen verhindert werden. 90 Prozent der T-Zellen schaffen es nicht durch diese Qualitätskontrolle.

Die *Lymphknoten* des Menschen sind gruppenweise im Körper angeordnet. Jeder einzelne Lymphknoten hat im Normalzustand ungefähr die Größe und Form einer Gartenbohne. Eine Aufgabe der Lymphknoten ist die Entsorgung von Krankheitserregern aus dem umliegenden Körpergewebe. Dazu richten die Organe die lokale zelluläre Immunantwort an den jeweiligen in diesem Körperbereich gefundenen Antigenen aus. Diese werden im Lymphknoten den B-Zellen präsentiert, die dort reifen und ähnlich wie die T-Zellen in der Thymusdrüse »trainiert« werden. Nach Kontakt zu einem bestimmten Antigen – nehmen wir als Beispiel ein Influenzavirus – verwandeln sich die B-Zellen in Plasmazellen. Aus diesen Plasmazellen gehen dann Antikörper gegen das Antigen hervor, also in unserem Beispiel gegen einen Influenzaerreger.

Neben den Lymphknoten als verdichtete Zentren unseres Immunsystems durchzieht ein *diffuses lymphatisches Gewebe* unseren Körper, das an Stellen, die besonders als Eintrittspforten für Keime in Frage kommen, verdichtet vorliegt. Dazu gehören zum Beispiel die Peyer-Plaques, die im gesamten Dünndarm zu finden sind, besonders im dort lokalisierten Krummdarm, dem dritten Abschnitt des Dünndarms vor dem Übergang zum Dickdarm. Auch der Wurmfortsatz des Blinddarms, Appendix genannt, gehört zum lymphatischen Gewebe, ebenso wie die Tonsillen im Rachenraum – bekannt unter der Bezeichnung »Mandeln«.

Auch die *Milz* ist ein Abwehrorgan. Sie fängt Antigene von Erregern aus dem Blutkreislauf auf. Das weiße Milzgewebe, auch *weiße Pulpa* genannt, ist ein weiterer wichtiger Aufenthaltsort für die weißen Blutkörperchen. Dort sammeln sich alle drei Arten der Lymphozyten, also T-Zellen, B-Zellen und natürliche Killerzellen. Außerdem halten sich dort auch Riesenfresszellen und dendritische Zellen auf, die ja ebenfalls weiße Blutkörperchen, also Leukozyten und somit Immunzellen sind, wenn sie auch nicht zu den spezielleren Lymphozyten gehören. Die Funktionen der verschiedenen Immunzellen sehen wir uns nun etwas genauer an.

Toll-like-Rezeptoren: Die Augen der Immunzelle

Beginnen wir die Betrachtung der Instanzen unseres Immunsystems mit jenen »tollen« Proteinen, die Wissenschaftler bei uns Menschen entdeckt haben, weil sie zuvor im Organismus der Taufliege auf ähnliche Strukturen gestoßen waren. Unsere *Toll-like-Rezeptoren* ähneln den Toll-Rezeptoren der Insekten. Diese uns und anderen Säugetieren angeborenen Rezeptorproteine sind darauf spezialisiert, PAMPS aus Erregern zu erkennen – die uns schon bekannten molekularen Muster. Bei der Unterscheidung zwischen Selbst und Nicht-Selbst spielen die Toll-like-Rezeptoren eine wichtige Rolle. Manche dieser Rezeptorproteine sitzen außen an der Oberfläche unserer Immunzellen, andere im Inneren. Diese Position von Immunproteinen kennen wir schon aus dem Kapitel über Pflanzen. Immunproteine sind meistens in die Membranen der Zellen eingelagert, so wie die Stachelproteine in die Hüllen von Influenza- und Coronaviren. Rezeptorproteine wie die Toll-like-Rezeptoren sind die »Augen« des Immunsystems, mit denen Fresszellen, natürliche Killerzellen, T-Zellen und die übrigen Immunzellen »sehen« können.

In der Immunbiologie des Menschen sind derzeit dreizehn Toll-like-Rezeptoren bekannt, kurz TLR. Sie sind auf die Erkennung verschiedener Erreger spezialisiert. TLR-1 identifiziert zum Beispiel nur Bakterien. Der TLR-2 ist vielseitig und erkennt Bakterien, Viren, Pilze und *Mykoplasmen* – das sind außerordentlich kleine Vertreter der Bakterien, die im Gegensatz zu anderen Bakterien keine Zellwände besitzen. Außerdem spürt TLR-2 infizierte und entartete Zellen des eigenen Organismus auf, also das pathogene Selbst. TLR-3 erkennt hingegen nur Viren.
Einige dieser Toll-like-Rezeptoren wurden durch die Wissenschaft in identischer Form im gesamten Reich der Säugetiere und bei anderen Wirbeltieren wie Fischen, Vögeln, Amphibien und Reptilien gefunden. Es sind aber auch Toll-Like-Rezeptoren bekannt, die bei uns Menschen nicht vorkommen, dafür aber bei anderen Wirbeltierarten.

Im Zusammenhang mit mRNA-Impfstoffen gegen COVID-19 wurden Toll-like-Rezeptoren auch öffentlich diskutiert. In einer deutsch-niederländischen Studie wurden bei Probandinnen und Probanden die immunbiologischen Reaktionen auf den Impfstoff von BioNtech/Pfizer mittels Blutabnahmen untersucht.

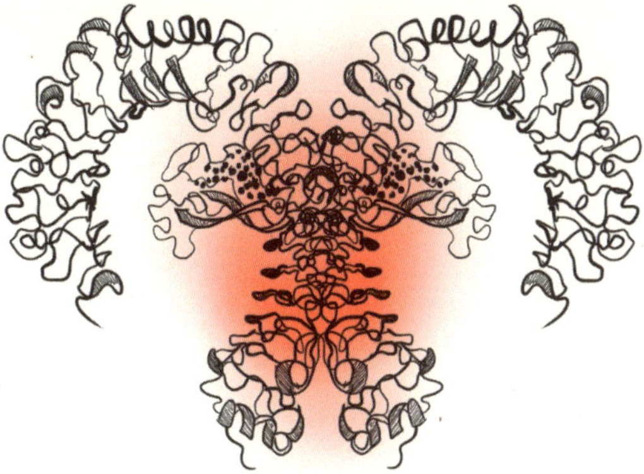

Die Entdeckung der Toll-like-Rezeptoren verdanken wir der Forschung an Taufliegen

Im genauen Wortlaut der Studie wird von einer »Reprogrammierung des Immunsystems« gesprochen. Konkret verminderte sich die Reaktion von drei unterschiedlichen Toll-like-Rezeptoren nach der Impfung im Vergleich zum Zustand davor.[33] Von dieser dämpfenden Wirkung waren TLR-4, TLR-7 und TLR-8 betroffen. TLR-4 erkennt Bakterien sowie infizierte Zellen und Krebszellen. Dieser Rezeptor ist also außer auf die Erkennung bakterieller Krankheitserreger auch auf die Identifikation des pathogenen Selbst gerichtet. TLR-7 und TLR-8 sind auf die Identifikation von RNA-Viren wie zum Beispiel Corona- und Influenzaviren spezialisiert, wobei TLR-8 zusätzlich auch einige Bakterien erkennt.

Aus diesem Ergebnis schlussfolgerten die Autorinnen und Autoren, dass es nach der Impfung zu einer verminderten Immunreaktion auf Bakterien und vor allem auf Viren kommen könnte. Gleichzeitig fiel die Zytokinreaktion stärker aus, wenn das Immunsystem mit einem Erreger aus dem Reich der Pilze konfrontiert wurde. In der Publikation heißt es: »Daraus folgt, dass die mRNA-Impfung eine komplexe funktionelle Reprogrammierung angeborener Immunantworten verursacht. Das sollte bei der Entwicklung und Anwendung dieser neuen Klasse von Impfstoffen berücksichtigt werden.«[34]

Einer der Autoren dieser Studie, der Experimentalmediziner Mihai Netea an der Radboud-Universität Nijmegen in den Niederlanden, sagte in einem Interview mit dem Faktencheck-Portal *Correctiv*, dass die Studie jedenfalls kein Beweis für eine gesundheitsschädliche Wirkung der mRNA-Impfstoffe sei. Man müsse bedenken, dass auch virale Infektionen sowie andere Impfstoffe zu einer Reprogrammierung von Immunantworten führen können. Ähnliche Phänomene seien laut dem Systembiologen Andreas Schlitzer von der Universität Bonn auch von Impfstoffen gegen Tuberkulose, Mumps, Masern und Röteln bekannt. Diese Impfstoffe sind schon lange im Einsatz und gelten als sicher.[35]

Entscheidend ist in diesem Zusammenhang vor allem eines: Studien wie die zuvor genannte vermitteln ein Gefühl für die Komplexität des Immunsystems, das aus Regelkreisen und Kettenreaktionen mit unzähligen Rezeptorproteinen, Toll-like-Rezeptoren, Signalproteinen und Immunzellen besteht, die miteinander kommunizieren und kooperieren. In den folgenden Abschnitten werden wir den wichtigsten Protagonisten dieses konzertierten Zusammenspiels begegnen.

Festung Immunsystem: Dendritische Zellen und Riesenfresszellen

Vergleicht man den Körper der Säugetiere und Menschen mit einer Festung, so könnte man einige Immunzellen als Wächter und Spähmänner beschreiben, die stets ihre Position auf den Festungsmauern halten, um diese zu verteidigen und im Fall eines Angriffs Alarm zu schlagen. Zu den Zellen mit solchen Funktionen gehören die dendritischen Zellen und die Riesenfresszellen. Diese Immunzellen zirkulieren in der Regel nicht im Blutkreislauf, sondern sitzen im Körpergewebe fest.

Riesenfresszellen, auch Makrophagen genannt, sind die »Königsklasse« der Fresszellen. Wir haben in unseren Betrachtungen anderer Organismen gesehen, dass das Prinzip der Phagozytose, also das Einverleiben und Verdauen von Pathogenen, eine naturgeschichtlich alte Strategie der Abwehr von Krankheiten ist, die bis zu den Amöben zurückreicht, die wir als »kriechende Immunsysteme« kennengelernt haben. Plasmazellen der Taufliegen betreiben ebenfalls Phagozytose, und bei den Manteltieren sind wir bereits auf Fresszellen gestoßen, die als Prototypen unserer Riesenfresszellen zu betrachten sind. Im Laufe der Evolution haben sich unterschiedliche Formen dieser Phagozyten entwickelt. Unsere eigenen Riesenfresszellen sind eine Art davon. Wir verfügen über weitere Fresszellen. Doch bleiben wir zunächst bei der Königsklasse.

Fertige Riesenfresszellen wandern aus dem Blutstrom ins Körpergewebe ein, um dort als »Erste-Hilfe-Zellen« die Stellung zu halten. Sie sind an der Initiation von Entzündungsreaktionen beteiligt. In hohen Konzentrationen findet man sie beispielsweise an Schleimhäuten und insbesondere im Lungengewebe. Erregerstrukturen, also PAMPS, werden von den Riesenfresszellen erkannt, die Erreger nach alter Tradition der Amöben umflossen, einverleibt und verdaut. Dabei setzen die Makrophagen Lockstoffe frei – spezielle Zytokine, die man *Chemokine* nennt. Zytokine sind Signalstoffe zur Regulierung von Entzündungs- und Immunreaktionen. Sie rekrutieren andere Immunzellen, zum Beispiel Neutrophile, aus dem Blut an den Ort des Geschehens, an dem sie benötigt werden. Mit der Abgabe von Zytokinen als Lockstoffe ist die Aufgabe der Riesenfresszellen aber noch nicht erfüllt. Wie in einem früheren Abschnitt dieses Buches erwähnt, transportieren sie Antigene der Erreger, die sie in ihrem Inneren aufgefressen und verdaut haben, an ihre eigene Zelloberfläche und zeigen sie dort her. Sie *präsentieren* die Erkennungsmerkmale der Eindringlinge den anderen Immunzellen. Darauf reagieren unter anderem die T-Zellen.

Dendritische Zellen, ebenfalls weiße Blutkörperchen, sehen unter dem Mikroskop verästelt aus – daher auch ihr Name. Das griechische Wort *dendrítēs* bedeutet »baumförmig« oder »verzweigt«. Wie die Riesenfresszellen gehören sie zu den Phagozyten, nehmen Pathogene in sich auf und halten die Stellung als Wächter im Körpergewebe. Ihre verästelte Form erlaubt ihnen, sich optimal im Gewebe zu verankern und wachsame Netzwerke zu bilden. Nach der Einverleibung der Erreger präsentieren auch die dendritischen Zellen die Erreger-Antigene an ihrer Oberfläche dem Immunsystem. Anders als die Riesenfresszellen, die den

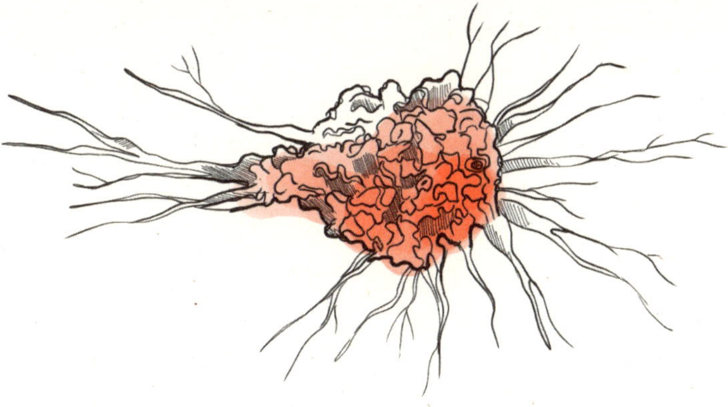

Eine Riesenfresszelle, Wächterin des Immunsystems

T-Zellen diese Antigene nur zeigen, sind die dendritischen Zellen in der Lage, über Signalstoffe die Ausdifferenzierung naiver, das heißt noch nicht programmierter T-Zellen zu initiieren. Diese T-Zellen werden dann auf die entsprechenden Erreger-Antigene neu trainiert. Wie T-Zellen eine spezifische Immunreaktion auslösen, werden wir uns noch ansehen.

Neutrophile und Co. als weitere »Erste-Hilfe-Zellen«

Die *Neutrophilen*, eigentlich als *neutrophile Granulozyten* bezeichnet, sind weiße Blutkörperchen oder Leukozyten aller Wirbeltiere, die sich im Blutstrom treiben lassen und durch den Körper zirkulieren. Bei Menschen und Säugetieren sind sie mit einem Anteil von 50 bis 60 Prozent die häufigsten weißen Blutkörperchen. Neutrophile verfügen über klebrige Substanzen, sogenannte Adhäsionsmoleküle, mit

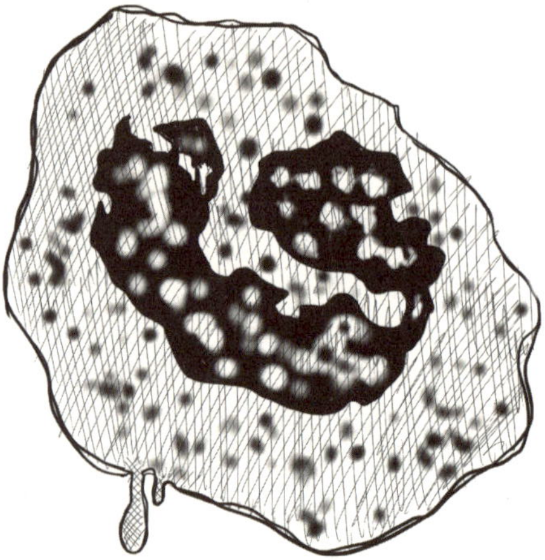

Neutrophile sind wichtige Erste-Hilfe-Zellen des Immunsystems

denen sie sich jederzeit an die Innenwand eines Blutgefäßes heften und sich aus dem Blutstrom ziehen können. Das tun sie, um rasch am Ort des Geschehens zu sein und sich an der ersten Abwehrreaktion gegen einen eingedrungenen Krankheitserreger zu beteiligen. Die Neutrophilen sind, so wie die Riesenfresszellen, »Erste-Hilfe-Zellen«. Ihre Aktivität macht sich als Entzündung bemerkbar.

Zur Bekämpfung von Pathogenen stehen den Neutrophilen mehrere Techniken zur Verfügung. Erstens sind auch sie den Fresszellen zugehörig. Das heißt, Phagozytose ist eines der Mittel, mit denen sie gegen Krankheitserreger aller Art vorgehen.

Eine Besonderheit der Neutrophilen ist zweitens ihre Fähigkeit, Bakterien, Viren und krank machenden Einzellern »Fallen« zu stellen. Dazu bilden sie ein extrazelluläres, also außerhalb ihrer eigenen Zelle entstehendes Netz, das so faserig ist, dass ihre »Opfer« sich darin verfangen und sich nicht mehr fortbewegen können. Diese Netze bauen sie unter anderem aus ihren eigenen DNA-Strängen auf. Interessant ist, dass auch Einzeller wie Amöben und Augentierchen vor Hunderten Millionen Jahren bereits diese Strategie des Fallenstellens erlernt haben. Auch sie bilden extrazelluläre Netze, in denen sie Krankheitserreger festsetzen.

Drittens können Neutrophilen die Pathogene, auf die sie es abgesehen haben, auch durch Zellgifte abtöten. Dazu nutzen sie zum Beispiel Wasserstoffperoxid und Stickstoffmonoxid. Diese »chemischen Waffen« tragen sie in sogenannten Granula mit sich herum. Das sind körnchenförmige Einlagerungen im Inneren ihrer Zellen, die als Speicher und Transportgefäße für die benötigten Substanzen dienen. Diese Granula sind namensgebend für die gesamte Zellfamilie der Granulozyten.

Verwandt mit den Neutrophilen sind die *Eosinophilen,* eigentlich *eosinophile Granulozyten* genannt. Sie sind zu den gleichen Abwehrfunktionen wie die Neutrophilen fähig, wobei ihr Schwerpunkt auf der Abtötung von Parasiten liegt, die in den Körper eines Wirbeltieres, beispielsweise eines Menschen, eingedrungen sind. Die *Basophilen* oder *basophilen Granulozyten* gehören ebenfalls in diese Gruppe der weißen Blutkörperchen. Ihre biologische Funktion war bis vor einigen Jahren nicht bekannt. Inzwischen gehen Immunbiologinnen und Immunbiologen davon aus, dass die Basophilen unter anderem am Auffinden und an der Zerstörung potenzieller Krebszellen und bestehender Tumorzellen beteiligt sind.[36]

Monozyten, die Verwandlungskünstler

Ein gutes Fußballteam benötigt Springer, die an verschiedenen Orten eingesetzt werden können, je nachdem, wo gerade Verstärkung benötigt wird. Sie übernehmen einmal die Rolle eines Stürmers, ein anderes Mal spielen sie im Mittelfeld oder in der Verteidigung. *Monozyten* sind die allzeit bereiten »Springer« unseres Immunsystems. Sie sammeln sich in der Milz, rücken von dort aus und lassen sich im Blutstrom durch den Organismus transportieren. In ihrer Form als Monozyten betätigen sie sich wie die Riesenfresszellen, dendritischen Zellen und Neutrophilen als Phagozyten und verleiben sich Krankheitserreger aller Arten ein. Danach präsentieren sie auf die bewährte Weise deren Antigene an ihrer eigenen Oberfläche den anderen Immunzellen. Im Zustand des Monozyten bleiben sie allerdings maximal für wenige Tage. Danach verwandeln sie sich entweder in Riesenfresszellen oder in dendritische Zellen und wandern aus dem Blutstrom als Wächter ins Gewebe ein. So leben sie für Wochen oder Monate.

Natürliche Killerzellen und das »pathogene Selbst«

Natürliche Killerzellen, kurz als *NK-Zellen* bezeichnet, sind ebenfalls Leukozyten und somit weiße Blutkörperchen. Sie zählen noch zum angeborenen Immunsystem, wenngleich sie gemeinsam mit den T- und B-Zellen zur Unterform der Lymphozyten gehören. In der biowissenschaftlichen Forschung dienen sie als beliebte Parameter, um die Auswirkungen von Therapien, Arzneistoffen, sozialen Einflüssen oder Umweltfaktoren zu untersuchen. Denn sie lassen sich im Labor einfach feststellen und übernehmen wichtige Immunfunktionen. So zeigte beispielsweise eine Studie, dass die regelmäßige Einnahme eines Extrakts aus dem Roten Sonnenhut *(Echinacea purpurea)* unsere Abwehrkräfte stärkt. Die Wirkung wurde unter anderem durch den Nachweis eines Anstiegs der Anzahl und Aktivität natürlicher Killerzellen im Blut erbracht.[37] Diese Immunzellen werden uns im dritten Buchteil beim Thema *Ökoimmunologie* noch begegnen. Deswegen wollen wir uns näher mit ihnen befassen.

Die Aufgabe der natürlichen Killerzellen ist die unspezifische Jagd nach allen möglichen Gesundheitsgefahren auf der zellulären Ebene. Sie attackieren Bakterien, Viren und andere Mikroben, aber auch Körperzellen, die von solchen Erregern infiziert wurden. Außerdem spielen sie eine wichtige Rolle in der Abwehr von Krebserkrankungen, indem sie potenzielle Tumorzellen, die zur Entartung neigen oder deren DNA beschädigt ist, einfach vergiften und beseitigen. Sie bekämpfen auch bereits bestehende Tumorzellen.

Unser Blick in die Naturgeschichte hat gezeigt, dass es im Laufe der Evolution schon mehrmals Organismen gab, die über ähnliche Zellen wie unsere natürlichen Killerzellen verfügten, zum Beispiel die Manteltiere. Die NCC-Zellen der Zebrafische können den natürlichen Killerzellen der Säugetiere schon beinahe das Wasser reichen. Doch was unsere Säugetier-NK-Zellen so besonders macht, sind abgesehen von ihrer Effizienz als »Serienkiller« die zahl-

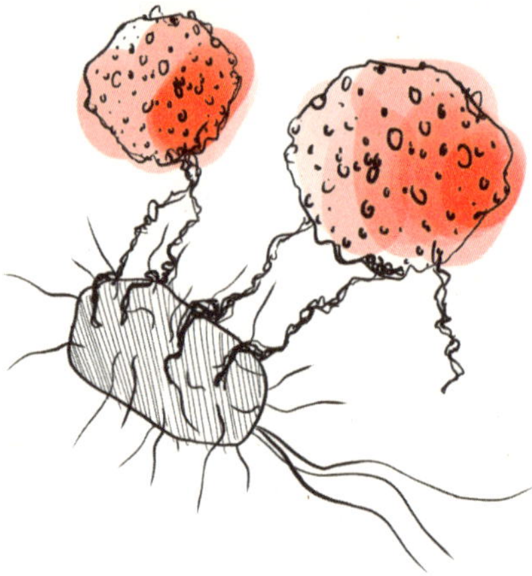

Natürliche Killerzellen machen Jagd auf alle möglichen Gesundheitsgefahren

reichen Werkzeuge, die ihnen für ihre gesundheitsschützende Funktion zur Verfügung stehen.

Da sich natürliche Killerzellen nicht nur gegen Krankheitserreger richten, sondern auch gegen die eigenen Körperzellen, muss ihre Aktivität durch das Immunsystem streng kontrolliert werden. Gesunde Zellen geben Substanzen wie zum Beispiel sogenannte MHC-Moleküle ab, die den natürlichen Killerzellen signalisieren, dass sie nicht angreifen sollen. Diese Signale werden von den Rezeptoren der NK-Zellen erkannt – ihr Jagdtrieb wird gedämpft. Wird eine Zelle von einem Virus befallen oder weist einen Schaden in der DNA auf, stellt sie die Abgabe der besänftigenden Moleküle ein. Auch alternde Zellen verlieren die Fähigkeit, solche Stoffe abzugeben. Der Wegfall dieser Besänftigungssignale schaltet die natürlichen Killerzellen auf »Jagd« ein.

Natürliche Killerzellen kämpfen also nicht nur gegen infizierte Zellen, sondern gegen jede Zelle, von der eine Gefahr ausgeht. Körperzellen haben ein Ablaufdatum. Nach einer genau festgelegten Zeit müssen sie absterben und Platz für neue Zellen machen. Dadurch regenerieren sich unsere Organe. Die Lebenszeit einer Epidermiszelle beträgt etwa vier Wochen. Bei Leberzellen sind es einige Monate. Im Anschluss müssen die Zellen den Weg des *programmierten Zelltods* beschreiten – eine Art zellulärer »Selbstmord« zum Wohl der Gesundheit des gesamten Organismus. Dieser essenzielle Prozess zur Abwehr von Krankheit ist genetisch in den Zellen verankert und läuft selbst bei den ältesten vielzelligen Lebensformen der gesamten Naturgeschichte ab, wie wir aus den vorangegangenen Kapiteln wissen. Sogar Bakterien und andere Einzeller zerstören sich im letzten Ausweg oft selbst, wenn sie von Bakteriophagen oder anderen Viren befallen werden. So schützen sie ihre Population vor der Ausbreitung der Erreger.

Ohne programmierten Zelltod wäre vielzelliges Leben unmöglich. Doch dieser freiwillige Exitus der einzelnen Zelle widerspricht zugleich grundlegenden Prinzipien der Evolution: Zellen wollen existieren und nicht sterben, und sie streben nach Veränderung und Entwicklung. Mutation und Selektion sind wichtige Motoren der Evolution, die auch in unseren Körperzellen potenziell angelegt sind. Es kommt also vor, dass Zellen sich ihrem vorprogrammierten Ende widersetzen oder sich durch Mutation genetisch verändern. Dann droht die Entartung des Körpergewebes. Aus einer Hautzelle sollen immer wieder neue Hautzellen entstehen, aus Leberzellen genetisch und funktionell identische Generationen aus weiteren Leberzellen. »Entartung« bedeutet hier, dass die mutierte Zelle ihre Funktionalität verliert und dabei unsterblich wird. Aus einer genetisch beschädigten, mutierten und überalterten Zelle, die nicht absterben will, kann ein Tumor entstehen, wenn sich diese Zelle vermehrt und weitere unsterbliche Zellen hervorbringt. Das Organ verliert seine Funktion und wird zur Gefahr für das gesamte Lebewesen. Ein Fall für die natürlichen Killerzellen.

Die bisherige Naturgeschichte des Immunsystems hat uns gezeigt: Immunzellen unterscheiden zwischen Selbst und Nicht-Selbst, um sich gegen das Nicht-Selbst zu wehren, wenn dieses als Gefahr erkannt wird. Doch natürliche Killerzellen haben zusätzlich die Aufgabe, sich gegen das *pathogene Selbst* zu richten, also gegen die eigenen Zellen, wenn diese so gefährlich wie Pathogene werden. Im Falle einer potenziellen oder bestehenden Tumorzelle handelt es sich um das *onkogene Selbst*. Eine von Viren befallene Körperzelle stellt ein *infektiöses Selbst* dar, weil die Erreger sie zu Virenkopiermaschinen umprogrammieren. Natürliche Killerzellen sind darauf spezialisiert, anhand von Signalen an der Zelloberfläche zu erkennen, wenn es sich um eine Form des pathogenen Selbst handelt. Diese Signale werden auch als »Friss-mich-Signale« bezeichnet. Wie erwähnt bestehen diese Signale oft einfach im Wegfall der besänftigenden Botenstoffe, die den permanenten Jagdtrieb der natürlichen Killerzellen dämpfen.

Beim Abtöten infizierter, beschädigter, zu alter oder entarteter Zellen greifen die natürlichen Killerzellen auf

Immunproteine als Werkzeuge zurück, die sie selbst abgeben können. Das bereits erwähnte *Perforin*, über das auch die Killerzell-Prototypen der Manteltiere verfügen, öffnet die Membran einer zu eliminierenden Zelle und verschafft den NK-Zellen dadurch Zugriff auf ihr Innenleben. Der Name des Immunproteins leitet sich davon ab, dass es zu einer Perforation der Zellmembran führt. Anschließend schießen die natürlichen Killerzellen *Granzyme* durch die Perforation. Das sind granuläre, also körnchenförmige Enzyme, die dann im Inneren der Zelle ihre Wirkung entfalten.

Den Killerzellen stehen zwei verschiedene Arten von Granzymen zur Verfügung, die durch die Buchstaben A und B unterschieden werden. Die Granzyme entladen schließlich das Zellgift *Granulysin* im Inneren der Zelle, die abgetötet werden soll. Die Folge: der Zelltod. In englischsprachigen biologischen Publikationen werden diese drei Immunproteine wegen ihrer antikarzinogenen Funktionen auch als *Anti-cancer Proteins* bezeichnet, also als »Anti-Krebs-Proteine«. Natürliche Killerzellen setzen diese Proteine immer ein, wenn sie Körperzellen zum Absterben zwingen – auch wenn es sich um infizierte Zellen handelt.

Zusätzlich produzieren die natürlichen Killerzellen *Interferon Gamma* (Interferon-γ), ein Zytokin, das weitere Immunreaktionen gegen Erreger, Pathogene und befallene Selbst-Zellen stimuliert und dadurch antivirale sowie antikarzinogene Eigenschaften besitzt.

T- und B-Zellen: Der Beginn des adaptiven Immunsystems

Der Big Bang der Immunbiologie, also die Erfindung des erworbenen Immunsystems mit den Antikörpern durch einen paläozoischen Fisch, hat uns bis zu den Säugetieren und den Menschen geführt. Ohne diesen evolutionären Meilenstein gäbe es auch unsere T- und B-Zellen nicht, denn sie markieren den Beginn unserer adaptiven Immunfunktionen und der Bildung von Antikörpern, die nicht vererbt und angeboren sind.

Die in der Thymusdrüse reifenden *T-Zellen* sind zwar zelluläre Bestandteile unseres Abwehrsystems und gehören damit zum zellulären Immunsystem, sie stellen aber den Übergang zur erworbenen Immunantwort dar. T-Zellen sind weiße Blutkörperchen oder Leukozyten, die zusammen mit den natürlichen Killerzellen und den B-Zellen zur Untergruppe der Lymphozyten gehören.

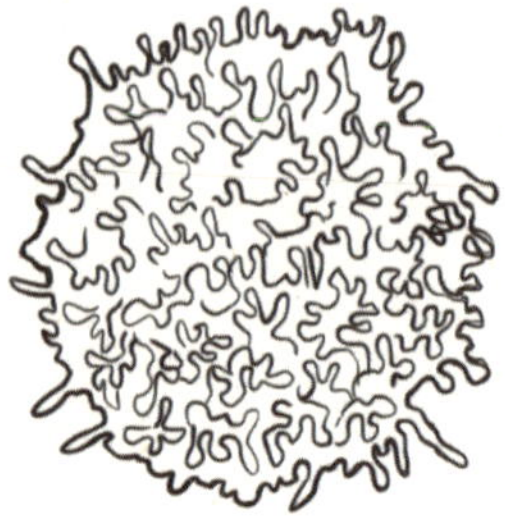

Die T-Zelle stellt den Übergang zum adaptiven Immunsystem dar

T-Zellen zirkulieren permanent in unserem Blutkreislauf und durchwandern das Gewebe, um es auf krankhafte Veränderungen zu überwachen. Wie wir von den natürlichen

Killerzellen wissen, verändern sich Signalmoleküle an der Oberfläche von Zellen, die durch Pathogene infiziert worden sind oder deren DNA sich verändert beziehungsweise Schaden genommen hat, sodass ein Krebsrisiko droht. Auf solche Signale reagieren auch die T-Zellen, indem sie sich weiter ausdifferenzieren. Es entstehen T-Effektorzellen und T-Gedächtniszellen.

Die *T-Effektorzellen* entwickeln sich zu *Killer-T-Zellen*, in jüngerer Zeit als *zytotoxische T-Zellen* bezeichnet. Dabei handelt es sich um eine ähnliche Form von Immunzellen wie die natürliche Killerzellen. Killer-T-Zellen und natürliche Killerzellen gleichen einander in vielerlei Hinsicht. Die Aufgabe von beiden ist die Eliminierung von Erregern sowie infizierten oder entartenden Zellen, die als infektiöses oder onkogenes Selbst erkannt werden. Killer-T-Zellen nutzen dazu dieselben Immunproteine wie natürliche Killerzellen: Perforin, Granulysin sowie Granzyme A und B. Auch das antivirale und antikarzinogene Zytokin Interferon Gamma (Interferon-γ) wird von den Killer-T-Zellen produziert.

T-Helferzellen begleiten die Immunreaktionen der T-Zellen durch die Abgabe von Zytokinen, mit denen sie die Art und Stärke einer Immunantwort regulieren. Hand in Hand mit den T-Helferzellen treten die *regulatorischen T-Zellen* auf den Plan, deren Aufgabe darin besteht, überschießende Immunreaktionen abzuschwächen und zu verhindern. Dazu nutzen sie ebenfalls Zytokine, allerdings solche, die eine dämpfende Wirkung auf das Immunsystem aufweisen. T-Helferzellen und regulatorische T-Zellen gehören wie die Killer-T-Zellen zu den Effektor-T-Zellen.

Die *T-Gedächtniszellen* sind für den Erwerb und das Einstudieren von Immunreaktionen von zentraler Bedeutung. Sie speichern den Ablauf einer adaptiven Antwort und können diesen beim neuerlichen Erregerkontakt wieder abrufen. Da sie die Produktion von Antikörpern anstoßen, sind sie bei einer späteren Infektion auch dazu in der Lage, deren Bildung rasch wieder zu veranlassen. Dazu aktivieren sie B-Zellen. Diese sind die Produktionsfabriken der Antikörper.

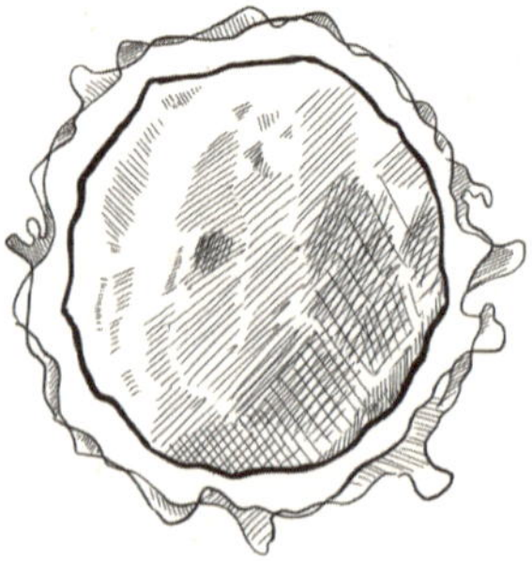

B-Zellen wurden erstmals bei Vögeln entdeckt

Aus der bisher beleuchteten Naturgeschichte des Immunsystems wissen wir, dass Wirbeltiere wie etwa Fische über B-Zellen verfügen. B-Zellen wurden zum ersten Mal bei Vögeln entdeckt. Bei diesen werden sie in einem lymphatischen Organ gebildet, das als *Bursa Fabricii* bezeichnet wird. Weil sie dort zum ersten Mal festgestellt worden waren, benannten Wissenschaftlerinnen und Wissenschaftler sie nach diesem Organ als »B-Zellen«. Auch die Amphibien, die uns im dritten Buchteil begegnen werden, verfügen über B-Zellen. Ebenso die Reptilien.

Die B-Zellen werden von den T-Zellen aktiviert. Im

Lymphgewebe treffen T-Helferzellen auf B-Zellen und präsentieren diesen die Antigene – beispielsweise die Proteinstrukturen eines Influenzavirus, einer Amöbe oder eines Bakteriums. Anschließend verwandeln sich die B-Zellen in Plasmazellen. In diesen reifen in weiterer Folge Antikörper heran – ein Prozess, der zum Beispiel bei einer Influenzainfektion einige Tage dauert.

Neutralisierende und infektionsverstärkende Antikörper

Antikörper sind Proteine, genauer gesagt *Immunglobuline*, die Gegenstücke zu entsprechenden Antigenen darstellen. Wie ein molekularer Schlüssel, der nur in ein bestimmtes Schlüsselloch gesteckt werden kann, passen die Antikörper genau auf oder in die Antigene, die sie neutralisieren sollen.

Die Antikörper werden in großen Mengen gebildet und bedecken dann die Antigene, gegen die sie produziert wurden. Dabei blockieren sie Proteinstrukturen von Krankheitserregern, die diese für die Infektion von Zellen benötigen. Antikörper, die das bewerkstelligen, werden als *neutralisierende Antikörper* bezeichnet. Sie »neutralisieren« die schädliche Tätigkeit von Viren, Bakterien und anderen Pathogenen. Daher sind sie im Fall einer Erkrankung erwünscht. Bei manchen Infektionskrankheiten kommt es vor, dass daneben auch nicht funktionsfähige Antikörper erzeugt werden, die nicht die gewünschte Wirkung zeigen oder sogar kontraproduktiv sein können.

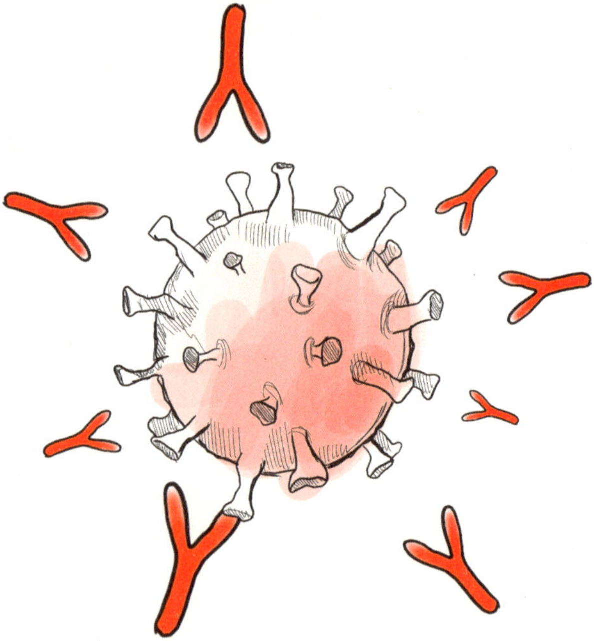

Antikörper neutralisieren ein schädliches Virus

Infektionsverstärkende Antikörper können das *ADE-Phänomen* auslösen: *Antibody Dependent Enhancement*. Darunter versteht man eine Verstärkung der Infektion, nachdem Antikörper durch Veränderungen an den Proteinstrukturen der Erreger die Infektion erleichtert statt verhindert haben. Im Grunde handelt es sich um dysfunktionale Immunglobuline aus biologischer »Fehlproduktion«. Manche infektionsverstärkenden Antikörper erleichtern zunächst nur den Eintritt des Virus in Körperzellen oder Immunzellen. In diesem Fall spricht man auch von »Antikörpern des viralen Eintritts«. Diese müssen nicht zwangsläufig zu einem tatsächlichen schweren Verlauf der Infektion führen, weil unser Immunsystem durch die Zerstörung befallener Zellen die Möglichkeit hat, noch regulierend einzuwirken.

Es gibt aber Infektionskrankheiten, bei denen diese dysfunktionalen Antikörper so sehr an Wirksamkeit gewinnen, dass sie die Gefahr eines schweren Verlaufs mit gesteigerten Symptomen und größerem Gesundheitsrisiko erhöhen. Beispielsweise führt das durch Stechmücken übertragene Dengue-Fieber, eine Infektion durch einen Vertreter der Flaviviren, bekanntermaßen zur Bildung infektionsverstärkender Antikörper. Die Erstinfektion mit dieser tropischen Infektionskrankheit verläuft meistens mild, hinterlässt aber diese unerwünschte Form der Antikörper, die dann bei einer Zweitinfektion zum Zug kommen. Daher weisen Folgeinfektionen mit dem Dengue-Fieber häufig einen schweren Verlauf auf und sind mit einem deutlich höheren Sterberisiko als die Erstinfektion verbunden.

Infektionsverstärkende Antikörper können auch auf Impfstoffe gebildet werden. Eine frühe Form eines viralen Vektorimpfstoffs wurde 2015 auf den Philippinen gegen das Dengue-Fieber zugelassen. Nach dem Start des Impfprogramms häuften sich Fälle von geimpften Kindern, die einen besonders schweren Verlauf der Krankheit nach der Erstinfektion aufwiesen. Die Impfung erwies sich als unwirksam, führte aber zur Bildung infektionsverstärkender Antikörper, sodass für geimpfte Menschen auch der erstmalige Kontakt mit dem Erreger nach der Impfung gefährlich wurde. Das Impfprogramm musste 2017 abgebrochen werden.[38]

Wenn ein Antikörper an ein Protein bindet, gegen das er nicht gebildet wurde, spricht man in der Immunbiologie von einer *Kreuzreaktion*. Dazu kann es kommen, wenn zwei Proteine einander stark ähneln. Die Folge kann günstig oder ungünstig ausfallen. Ein ungünstiges Beispiel ist das Auftreten von Narkolepsie, einer neurologischen »Schlafkrankheit« mit Bewusstseinsausfällen, nach der Verabreichung des Impfstoffs Pandemrix gegen die Schweinegrippe H1N1. 2009 fiel bei Kindern und Jugendlichen nach einer Impfaktion ein 17-facher Anstieg dieser oft chronisch verlaufenden Erkrankung auf.[39] Der Auslöser war eine immunbiologische Kreuzreaktion. Ein Protein im Zentralnervensystem ähnelte einem Antigen aus dem Impfstoff so stark, dass die Immunreaktion auch gegen das körpereigene Protein gerichtet war.

Richtet sich eine erworbene Immunantwort gegen einen Krankheitserreger, der nicht der gleiche ist, der in der Vergangenheit zur Ausprägung dieser Immunreaktion geführt hat, spricht man vom Vorliegen einer *Kreuzimmunität*. Beispielsweise wird unser Immunsystem jedes Jahr mit Vertretern der Influenzaviren konfrontiert, die regelmäßig auch pandemisch auftreten. Wie die meisten viralen Erreger von Atemwegsinfektionen unterliegen Influenzaviren einer raschen Mutationsrate. Vor allem Kinder hatten in der Vergangenheit schon häufig Kontakt zu diesen Pathogenen. Das trainiert ihr Immunsystem. So kommt es vor, dass bei Kontakt zu einer neuen Mutante des Influenzaerregers eine Erkrankung abgeschwächt wird oder vollständig ausbleibt, weil die vorbestehende Immunität gegen einen Verwandten des Virus ausreichte, um auch die neue Variante abzuwehren.

Kreuzimmunität wurde im Labor im Zusammenhang mit verschiedenen Erregern schon oft nachgewiesen. Setzt man Blutproben von Probandinnen und Probanden zum Beispiel einer neuen Influenzavariante aus, lassen sich bei einem Teil davon Immunreaktionen auf Basis von T-Zellen und Antikörpern nachweisen, die den neuen Erreger abwehren, ohne dass zuvor Kontakt zu diesem bestanden hatte.

Kreuzimmunität wurde auch bei Coronaviren nachgewiesen. Ein im Journal *Cell* publiziertes Experiment untersuchte die Reaktion von menschlichen Immunzellen aus Blutproben, die in den Jahren 2015 bis 2018 gesammelt worden waren. Es gilt als unwahrscheinlich, dass SARS-CoV-2 in dieser Zeit bereits unter der Bevölkerung zirkulierte. Dennoch war die Immunantwort in 50 Prozent der Proben dazu geeignet, den COVID-19-Erreger abzuwehren.[40] Das Experiment legt nahe, dass viele von uns eine Kreuzimmunität gegen SARS-CoV-2 aufweisen, die aus dem früheren Kontakt zu anderen Coronaviren resultiert. Coronaviren sind dem menschlichen Immunsystem nicht neu. Sie kommen während der winterlichen Erkrankungswelle fast jedes Jahr gemeinsam mit anderen Erregern zu uns.

Eine im August 2020 in *Nature* veröffentlichte Übersichtsarbeit kam zu dem Schluss, dass die in der Bevölkerung weltweit verbreitete Kreuzimmunität gegen SARS-CoV-2 vor allem auf T-Gedächtniszellen beruht.[41] Diese speichern früher gelernte Immunreaktionen gegen andere Coronaviren ab und können diese bei erneutem Kontakt mit einem ähnlichen Erreger rasch und effizient wieder auslösen. Dabei wandeln sie sich teilweise selbst in T-Helferzellen um, die die Immunantwort steuern und an der Bildung neuer Antikörper mitwirken. Dadurch können auch die spezifischen Antikörper, die ja von den T-Zellen bei den B-Zellen »bestellt« werden, rascher nachgebildet werden als bei einer Erstinfektion.

Im November 2021 wurden diese Erkenntnisse durch eine Studienveröffentlichung in *Nature Communications* erneut empirisch bestätigt.[42] Blutproben von 825 Personen, die aus einer Zeit vor der Coronapandemie stammten, wurden im Labor durch eine Methode des sogenannten Serum-Profilings auf ihre Immunantwort gegen SARS-CoV-2 untersucht. Die Ergebnisse wurden mit 389 Blutproben von COVID-19-Infizierten verglichen. Jenes Blut, in dem Antikörper gegen das harmlosere *humane Coronavirus* HCoV gefunden wurden, das bereits seit Jahren als Erkältungserreger in der Bevölkerung zirkuliert, konnte SARS-CoV-2 größtenteils abwehren. Die Wahrscheinlichkeit einer Infektion nahm mit der Zunahme an HCoV-Antikörpern ab. Unter den Erkrankten sank die Gefahr eines schweren Verlaufs, je mehr HCoV-Antikörper im Blut vorhanden waren. Im Ergebnis bedeutet das, dass eine Kreuzimmunität aus dem früheren Kontakt zu humanen Coronaviren vor einer Infektion schützen oder deren Verlauf abmildern kann.

Expertinnen und Experten vermuten, dass bei Kindern die Kreuzimmunität gegen SARS-CoV-2 aufgrund des häufigen Kontakts zu Coronaviren im Rahmen von früheren

Erkältungskrankheiten noch stärker ausgeprägt ist als bei Erwachsenen. Im August 2021 bestätigte die Berliner Charité in einer Pressemitteilung gemeinsam mit dem deutschen Max-Planck-Institut für molekulare Genetik, dass das Vorliegen von Kreuzimmunität gegen SARS-CoV-2 in Teilen der Bevölkerung durch Studien nachgewiesen wurde und dass dieser Schutz mit zunehmendem Alter abnehme. Darin sei einer der Gründe zu sehen, weshalb ältere Menschen häufiger schwere Verläufe bei COVID-19 entwickeln.[43]

Selbstverständlich ist diese Kreuzimmunität keine Garantie, nicht an COVID-19 zu erkranken. Es ist aber ein Fakt, dass ein erheblicher Teil der Bevölkerung aufgrund des Kontaktes zu anderen Coronaviren auch SARS-CoV-2 abwehren wird, ohne die Erkrankung zu entwickeln.

Zusätzlich zur Kreuzimmunität tritt auch noch die zelluläre Hintergrundaktivität unseres Immunsystem hinzu, die das neue Coronavirus im Idealfall bereits an den Schleimhäuten durch Riesenfresszellen, Neutrophilen und andere Immunzellen potenziell abwehren oder den Erreger durch natürliche Killerzellen und Killer-T-Zellen an der Vermehrung hindern kann.

Das heißt, es wird auch immer einen signifikanten Teil der Bevölkerung geben, vor allem außerhalb der Risikogruppen, der aufgrund einer erfolgreichen Abwehr durch Hintergrund- und Kreuzimmunität schlicht nie etwas von dem Kontakt zu SARS-CoV-2 bemerken wird. Dieser Teil der Bevölkerung kann danach nicht als »genesen« bezeichnet werden, weil er trotz des Erregerkontakts gesund geblieben ist. Wer nicht erkrankt war, ist im Anschluss auch nicht »genesen«. Bei diesen Personen werden der Kontakt zu SARS-CoV-2 und die abgewehrte Infektion im Nachhinein nicht nachweisbar sein. Allenfalls können Antikörper oder T-Zellen-Immunität gegen andere humane Coronaviren im Blut nachgewiesen werden.

Das ist kein Argument gegen Corona-Impfungen. Diese können, sofern sich ihre Wirksamkeit trotz der raschen Mutationsrate von SARS-CoV-2 weiterhin bestätigt, vor allem für ältere Menschen und andere Risikogruppen die Gefahr, die für sie durch den Erreger ausgeht, deutlich reduzieren. Die Vorstellung, dass alle ungeimpften Menschen an COVID-19 erkranken und danach entweder zu den Genesenen oder zu den Verstorbenen zählen werden, ist aber falsch und widerspricht den Evidenzen und biologischen Grundlagen der Hintergrund- und Kreuzimmunität. An einigen Menschen wird der Erreger einfach vorüberziehen, weil ihr immunbiologischer Schutzschirm ihn abwehrt.

Im Hinblick auf die Naturgeschichte des Immunsystems ist die Entwicklung von Kreuzimmunität ein wichtiger Faktor der Co-Evolution zwischen Wirtsorganismen und Erregern, der zu einem Gleichgewicht zwischen der Wirts- und der Erregerspezies führt, ähnlich wie zwischen Bakterien und Bakteriophagen oder Taufliegen und parasitierenden Wespen. In dem evolutionären Wettrennen entsteht eine Balance, die ein Miteinander der beiden Arten ermöglicht. Sich damit zu begnügen wäre allerdings eine sozialdarwinistische Position. In medizinethischen Fragen geht es nicht nur um das Überleben als Spezies, sondern auch um das Wohlergehen des einzelnen Individuums. Daher ist der Schutz von Risikopersonen vor Infektionskrankheiten, die für sie gefährlich sind, unerlässlich und sollte ernst genommen werden.

Für den Großteil der Bevölkerung ist das Wissen um die Kreuzimmunität aber dennoch wichtig, um ihr Immunsystem besser zu verstehen. Die Vorstellung, dass wir alle dem Kontakt zu den unterschiedlichen Varianten von Coronaviren immunologisch schutzlos ausgeliefert seien, ist irreführend. Dieses Wissen hilft, Ängste abzubauen, dabei aber vorbeugende infektiologische Hygiene- und Schutzmaßnahmen frei von Panik einzuhalten. Auch für zukünftige virologische Herausforderungen können wir daraus lernen.

KAPITEL 6

Das Prinzip Impfung – Wie wir die Lernfähigkeit des Immunsystems nutzen können

Impfstoffe gehören zu den wichtigsten vorbeugenden Immuntherapeutika der modernen Medizin, da sie das Immunsystem auf den Ernstfall vorbereiten. Dazu nutzen sie die evolutionär ausgereifte Fähigkeit unseres Immunsystems zur Bildung von erworbenen Abwehrkräften. Das bedeutet, die wichtigsten Adressaten der Impfstoffe sind die T- und B-Zellen, die zur Produktion von Antikörpern führen. Klassische Impfstoffe können daher für Wirbeltiere entwickelt werden, die bereits über diese Zelltypen verfügen.

Für Vögel, bei denen die B-Zellen zum ersten Mal entdeckt wurden, wurde zum Beispiel ein Impfstoff gegen die Kanarienpocken zugelassen. Es handelt sich um einen Lebendimpfstoff mit aktiven, aber *attenuierten*, also abgeschwächten Erregern. Der Impfstoff wird in die Brustmuskulatur der Vögel injiziert.[44]

Wie der Abschnitt über Pflanzenimpfstoffe im ersten Teil dieses Buches gezeigt hat, ist das Vorliegen eines adaptiven Immunsystems jedoch keine zwingende Voraussetzung, um einen Organismus durch Arzneistoffe vorbeugend vor Infektionskrankheiten zu schützen. Auch die angeborenen Immunantworten wie zum Beispiel die RNA-

Stilllegung, mit der das pflanzliche Immunsystem die Erbinformation von Viren zerstückelt, lassen sich durch Pflanzenimpfstoffe aktivieren.

Mit dem Wissen über die naturgeschichtliche Entwicklung unseres Immunsystems im Hintergrund widmen wir uns in diesem Kapitel allerdings schwerpunktmäßig weder der Veterinär- noch der Phytomedizin, sondern vorwiegend den Impfstoffen, die in der Humanmedizin eingesetzt werden.

Passive Immunisierung

Trotz ihrer Vielfalt sind Antikörper, die zu den Immunglobulinen gehören, immer ähnlich aufgebaut. Ihre Struktur weist auf der molekularen Ebene die Form eines Y auf, die sich aus Proteinketten zusammensetzt. Im Gegensatz zu anderen Proteinen sind Antikörper sehr stabil. Ihre biologische Halbwertszeit beträgt je nach Art des Antikörpers 18 bis 40 Tage. Das bedeutet, innerhalb dieser Zeit baut sich die Hälfte von ihnen im menschlichen Organismus wieder ab. Der Körper ist dank des Gedächtnisses der T-Zellen in der Lage, mithilfe von B-Zellen neue Antikörper zu bilden. Bei der passiven Immunisierung entspricht diese Halbwertszeit aber einer Art »Ablaufdatum« der Wirkstoffe, denn es handelt sich um medikamentös zugeführte Antikörper, die nicht von dem Immunsystem einer Patientin oder eines Patienten gebildet wurden.

Im Dezember 1890 veröffentlichten der deutsche Mediziner Emil von Behring und der japanische Bakteriologe

Shibasaburō Kitasato in der *Deutschen Medizinischen Wochenschrift* eine Abhandlung über die Immunisierung von Tieren gegen Diphtherie, eine Infektion der oberen Atemwege, und gegen Tetanus, den bekannten »Wundstarrkrampf«. Vier Jahre später stand ein Serum für die Verabreichung an Menschen zur Verfügung, für das die beiden Wissenschaftler 1901 den ersten Nobelpreis für Physiologie und Medizin erhielten. Die Art des Wirkstoffes wurde als »Antitoxin« bezeichnet: Antikörper gegen Giftstoffe der Erreger von Diphtherie und Tetanus, die aus Tieren »gewonnen«, aber an menschliche Patientinnen und Patienten verabreicht wurden. Zunächst erwies sich der neuartige Arzneistoff als höchst effizient.

Mit der zunehmenden klinischen Anwendung zeigten sich allerdings schon bald schwere Nebenwirkungen des Präparats. Die eingebrachten Fremdstoffe lösten Überreaktionen des Immunsystems aus: hohes Fieber, Gelenkschmerz, Lymphknotenschwellung, Ausschlag, ein Absinken des Blutdrucks und anaphylaktischen Schock, also eine schwere allergische Reaktion, die bis zum Organversagen oder Tod durch Herz-Kreislauf-Stillstand führen kann. In Summe wurden diese Symptome als »Serumkrankheit« bezeichnet. In weiterer Folge wurden durch die Zugabe von Enzymen gereinigte Präparate mit Antikörpern gegen die Giftstoffe von Diphtherie und Tetanus entwickelt, die besser verträglich waren. Die passive Immunisierung war erfunden. Doch die Serumkrankheit konnte als Nebenwirkung zunächst nicht vollständig verhindert werden. Dies gelang erst mit der Einführung der passiven Immunisierung mit Antikörpern, die von Menschen anstatt Tieren stammten. Heute werden Antikörperpräparate dem Blut von freiwilligen Spenderinnen und Spendern entnommen.

Die Entnahme der Antikörper erfolgt in der Rekonvaleszenz während der Genesung einer Infektionskrankheit. In diesem Stadium schwinden die Symptome, und die Erkrankten sind auf dem Weg der Besserung. Antikörper sind aber noch reichlich im Blut vorhanden und können daraus gewonnen werden. Die Antikörper werden nach der bewährten Methode enzymatisch gereinigt und in hoher Konzentration als Immunserum in den meisten Fällen durch Injektion verabreicht. Bei Infektionskrankheiten werden passive Immunisierungen durch menschliche Antikörper vor allem zur Neutralisierung bakterieller Giftstoffe, zur Behandlung bestehender Infektionen und als Prophylaxe nach einem wahrscheinlichen Kontakt zu einem Erreger eingesetzt, bei dem ein reelles Ansteckungsrisiko entstanden ist. Moderne passive Immunisierungen sind gut verträglich. Unerwünschte Nebenwirkungen treten bei etwa 15 Prozent der Patientinnen und Patienten auf.[45] Dazu gehören Fieber, Schüttelfrost, Hitzewallungen, Kopfschmerz, Bauchschmerz, Übelkeit, erhöhter Blutdruck sowie systemischer Muskelschmerz, also ein Schmerz, der die Muskulatur des gesamten Körpers betreffen kann. Zwar kann der anaphylaktische Schock als seltene schwere Nebenwirkung auch bei den modernen Formen dieser Arzneistoffe auftreten, das Risiko-Nutzen-Verhältnis ist bei passiven Immunisierungen aber meistens günstig. Denn sie werden an Personen durchgeführt, die entweder bereits erkrankt sind und dadurch ein hohes Gesundheitsrisiko tragen oder einem hohen Ansteckungsrisiko ausgesetzt waren.

Bewährte Immunisierungen durch die Übertragung von Antikörpern gibt es beispielsweise gegen virale Erkrankungen wie Hepatitis A und B, Tollwut und Zytomegalie, einer Infektion mit einem Herpesvirus, das für die meisten Erwachsenen harmlos ist, jedoch im Fall einer Schwangerschaft das ungeborene Kind schwer schädigen kann. Weitere Antikörperpräparate wirken gegen Gifte wie die Toxine des Tetanuserregers. Passive Immunisierungen gegen einige tierische Gifte aus Schlangen, Skorpionen und anderen Lebensformen können nach einem Biss als Antiserum verabreicht werden.

Seit Herbst 2021 liegen erste klinische Erfahrungen mit dem Einsatz von Antikörpern zur passiven Immunisierung gegen SARS-CoV-2 vor. Die Anwendungen beschränken sich bisher auf Personen mit erhöhtem Risiko, einen schweren Verlauf mit COVID-19 zu entwickeln. Die Verabreichung des Immunserums erfolgt in der frühen Phase der Infektion. Der Arzneistoff erwies sich laut Einschätzung des Robert Koch-Instituts (RKI) als gut verträglich sowie wirksam.[46] Die Rate der Krankenhausaufenthalte und Todesfälle unter den Infizierten ließ sich in den klinischen Tests durch die Präparate reduzieren.

Impfstoffe zur aktiven Immunisierung

Klassische Vakzine regen das Immunsystem dazu an, neue Immunkompetenzen zu erwerben. Sie zielen darauf ab, T-Zellen-Reaktionen und die Entstehung von Antikörpern anzuregen, die zur Abwehr des jeweiligen Erregers führen.

Attenuierte Impfstoffe sind »Lebendimpfstoffe«, in denen aktive Viren oder Bakterien enthalten sind, die so stark *abgeschwächt* (attenuiert) und in ihrer Aktivität beeinträchtigt sind, dass sie keine erfolgreiche Infektion mehr durchführen können beziehungsweise keine virale oder bakterielle Erkrankung der geimpften Person verursachen. Für die Herstellung von abgeschwächten Stämmen werden die Erreger in Nährmedien im Labor angezüchtet. Man lässt mehrere Generationen passieren und selektiert dann Mutanten, die ihre Virulenz oder Gefährlichkeit als Erreger verloren haben, aber noch immer vermehrungsfähig sind. In Verwendung befinden sich zugelassene attenuierte Lebendimpfstoffe gegen Masern, Mumps, Röteln, Rotaviren, Influenza, Gelbfieber, Polio, Pocken, Windpocken, das Respiratorische Synzytial-Virus und den bakteriellen Typhus-Erreger *Salmonella typhi*.

Der Immunschutz durch die Lebendimpfstoffe hält in der Regel lange an, manchmal lebenslang. Das liegt daran, dass diese Impfstoffe eine natürliche Infektion imitieren. Der Erreger wird dem Immunsystem umfassend präsentiert, weshalb die Immunantwort entsprechend breit angelegt ist und zahlreiche Antigene des Erregers umfasst. Allerdings sind solche Impfstoffe für immungeschwächte Personen nicht geeignet, da sich die Viren oder Bakterien aus dem Impfserum trotz der Abschwächung ihrer Aktivität zu stark vermehren könnten. Eine potenzielle Gefahr der Lebendimpfstoffe besteht in einer spontanen Rückmutation. In seltenen Fällen kann es vorkommen, dass Erreger aus dem Impfstoff nach der Verabreichung Mutationen durchmachen, die dazu führen, dass ihre Virulenz wieder ansteigt. In diesem Fall könnten sie eine geimpfte Person krank machen.

Inaktivierte Impfstoffe oder »Totimpfstoffe« enthalten abgetötete Erreger, deren Aktivität zum Erliegen gekommen ist und die daher weder infektiös noch vermehrungsfähig sind. Die Viren oder Bakterien, die in dem Impfserum enthalten sind, wurden zuvor durch Hitze oder Chemikalien inaktiviert. Diese Impfstoffe haben ein besseres Sicherheitsprofil als die Lebendimpfstoffe, da es zu keiner Rückmutation mit steigender Virulenz kommen kann. Andererseits sind sie aber auch nicht so *immunogen* wie Lebendvakzine. Das heißt, die Immunantwort ist schwächer und hält in den meisten Fällen nicht so lange an. Bei der Inaktivierung durch Hitze oder Chemikalien können Proteinstrukturen zerstört werden, sodass sich die Impf-Antigene strukturell verändern und die auf das Vakzin gebildete Immunität weniger wirksam ist. Unzureichend inaktivierte Erreger aus Impfstoffen haben in der Vergangenheit zu schwerwiegenden Zwischenfällen geführt. Beispielsweise kam es 1995 nach der Verabreichung eines Impfstoffs mit einem nicht ausreichend abgetöteten Poliovirus unter den geimpften Menschen zum Auftreten zahlreicher Infektionen mit schweren, bleibenden Lähmungen.[47] Solche Zwischenfälle sind aber äußerst selten.

Zugelassene inaktivierte Totimpfstoffe sind gegen Tollwut, Hepatitis A, FSME (Gehirnhautentzündung), Polio, Japanische Enzephalitis (ausgelöst durch Flaviviren) sowie die bakteriellen Erreger von Cholera und Keuchhusten erfolgreich im Einsatz. Der bekannte Corona-Impfstoff von Valneva gehört zu den Totimpfstoffen. Neuerdings werden in Medienberichten häufiger alle Impfstoffe, die keine lebenden Viren enthalten, als »Totimpfstoffe« bezeichnet. Dieser Sichtweise zufolge wären sämtliche Impfstoffe mit Ausnahme der attenuierten Lebendimpfstoffe und viralen Vektorimpfstoffe als Totimpfstoffe zu klassifizieren – auch die Protein-, mRNA- und DNA-Impfstoffe. Diese Betrachtungsweise ist falsch. »Tot« oder »inaktiviert« kann nur sein, was zuvor lebendig oder aktiv war. Proteine und Erbmaterial sind Moleküle. Es handelt sich um materielle Strukturen, die von Natur aus unbelebt sind. Sie wurden in der Vergangenheit daher nicht als »Totimpfstoffe« bezeichnet und sollten auch weiterhin nicht so genannt werden.

Viren in Proteinhülle

Proteinimpfstoffe präsentieren dem Immunsystem Proteine oder Teile davon, die zu einem Erreger gehören, gegen den Immunität aufgebaut werden soll. *Protein-Untereinheit-Impfstoffe* verwenden nur einen Abschnitt eines erregerspezifischen Proteins. Sie sind nebenwirkungsarm, da die von ihnen ausgelöste Immunantwort nur auf diesen einen Teil eines Antigens ausgerichtet ist und daher verhältnismäßig schwach ausfällt. Folglich ist auch ihre Immunogenität gering, das heißt ihre Effizienz, mit der sie wirksame Antikörper und T-Zellen-Immunität aufbauen. Sie müssen in der Regel häufig wiederholt werden. Protein-Untereinheit-Impfstoffe wurden gegen das Humane Papillomavirus HPV, das Gebärmutterhalskrebs auslösen kann, sowie gegen Hepatitis B zugelassen. Der SARS-CoV-2-Impfstoff von Novavax basiert auf dem vollständigen Stachelprotein des Coronavirus, das durch genetische Modifikation in Insektenzellen erzeugt wird. Diese Art von Impfstoff wird auch als *rekombinanter Proteinimpfstoff* bezeichnet, weil die Antigene nach der Erzeugung gereinigt und rund um einen Kern aus Polysorbat-80 angeordnet werden. Der dabei entstehende Nanopartikel kann als Übergangsform zum virusähnlichen Partikel-Impfstoff betrachtet werden.

Ein *virusähnlicher Partikel-Impfstoff* umfasst in der Regel einen *Komplex* aus mehreren Proteinen als Antigene. Der pflanzenbasierte SARS-CoV-2-Impfstoff von Medicago, für den virusähnliche Proteinkomplexe in Tabakpflanzen erzeugt werden, enthält äußere Kopien der Virushülle und ihrer Oberflächenproteine, ist aber innerlich »leer«, inaktiv und frei von genetischem Material. Dieser Impfstoff ist ein Beispiel für einen komplexen virusähnlichen Partikelimpfstoff. In dem Abschnitt über Pflanzenimpfstoffe im ersten Buchteil haben wir uns dieses Vakzin bereits näher angesehen. Im Gegensatz zu Protein-Untereinheit-Impfstoffen weisen virusähnliche Partikel-Impfstoffe in der Regel eine höhere Immunogenität mit breiterer Immunantwort auf.

Nukleinsäurebasierte Impfstoffe verwenden als Wirkstoffe genetisches Material und werden daher auch als *genbasierte* oder *genetische Impfstoffe* bezeichnet. Die *RNA-*

Impfstoffe beinhalten Ribonukleinsäure (RNA), während die *DNA-Impfstoffe* Desoxyribonukleinsäure (DNA) übertragen. Ziel dieser Impfstoffe ist nicht die Manipulation von Genen im menschlichen Zellkern, also auch nicht die »genetische Veränderung« von Menschen. Sehr wohl aber greifen diese Impfstoffe in genetische Abläufe ein, nämlich in die *Genexpression.* Darunter versteht man die Prozesse des Wirksamwerdens unserer Gene in der Zelle, insbesondere die *Proteinbiosynthese,* die in unseren Ribosomen, den Proteinfabriken unserer Zellen, täglich abläuft.

Die Genexpression mit der Proteinbiosynthese dient dazu, die Proteine, die unser Organismus für seinen Aufbau und seine Funktionen benötigt, bedarfsgerecht nachzuliefern. Das erfolgt gemäß der Bauanleitungen aus unserer DNA, die nach Transkription in mRNA in unseren Proteinfabriken abgelesen werden. Die genetische Information aus nukleinsäurebasierten Impfstoffen manipuliert zusammengefasst die Genexpression, damit diese zur Bildung viraler Antigene wie des Stachelproteins führt. Der erste nukleinsäurebasierte Impfstoff, der weltweit jemals außerhalb von klinischen Testungen angewendet wurde, ist das mRNA-Vakzin von BioNtech/Pfizer, das in Europa im Dezember 2020 bedingt zugelassen wurde und seit 2021 im Einsatz ist. Ein ähnlicher mRNA-Impfstoff von Moderna folgte kurz danach. Bislang gibt es keinen zugelassenen DNA-Impfstoff. Das amerikanische Pharmaunternehmen Inovio befindet sich mit einem DNA-Kandidaten gegen SARS-CoV-2 mit Stand vom Januar 2022 in der dritten klinischen Testphase.

Virale Vektorimpfstoffe sind erweiterte Formen der genetischen Impfstoffe. Ihre Wirkungsweise ist dieselbe wie bei den mRNA- und DNA-Vakzinen. Lediglich der Transportweg des viralen Erbguts erfolgt bei den Vektorimpfstoffen nicht direkt, sondern über ein genetisch manipuliertes Trägervirus, das in der menschlichen Zelle mRNA oder DNA freisetzt, wobei im Falle eines DNA-Vektorvirus auch die DNA in weiterer Folge in mRNA umgewandelt wird. Vektorimpfstoffe mit DNA-Viren gegen SARS-CoV-2, wie bei AstraZeneca, Johnson&Johnson und Sputnik V, sind als erweiterte DNA-Impfstoffe zu betrachten. Derzeit sind keine Vektorimpfstoffe auf Basis eines RNA-Trägervirus zugelassen. Vor der COVID-19-Ära hatten es erst zwei virale Vektorimpfstoffe zur Zulassung geschafft. Dabei handelte es sich um ein Vakzin gegen Ebola sowie das bereits erwähnte Dengue-Vakzin als frühe Form eines Vektorimpfstoffs, welches wegen der Bildung infektionsverstärkender Antikörper nicht mehr verwendet wird.

Problemfall Atemwegsinfektionen

Viele wirksame und weitgehend sichere Impfstoffe sind im Umlauf – zum Beispiel gegen Diphtherie, Tetanus, FSME und Masern. Dennoch stößt das Prinzip der Vakzinierung immer wieder auf natürliche Grenzen. Limitierungen der Impfstoffentwicklung zeigen sich regelmäßig bei Atemwegsinfektionen wie Influenza und Corona. In diesem Abschnitt gehen wir der Frage auf den Grund, warum Erreger von Atemwegsinfekten eine so große Herausforderung für die Impfstoffforschung darstellen. Auch diese Frage ist im

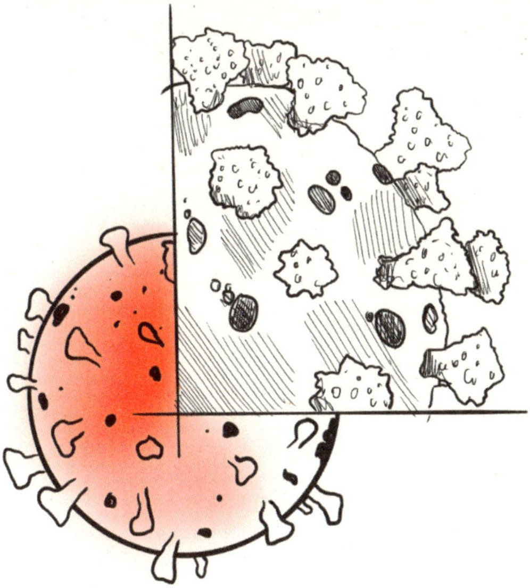

Influenzavirus mit Stachelproteinen

Zusammenhang mit der Evolution des Immunsystems und der Erreger, mit denen es konfrontiert wird, relevant. Daher darf sie in unserer Naturgeschichte des Immunsystems nicht fehlen.

Während der winterlichen Erkrankungswelle von 2017 auf 2018 erreichten die Influenza-Impfungen in Deutschland einen Schutz von 15 Prozent. Das heißt, Menschen, die geimpft waren, hatten ein um 15 Prozent geringeres Risiko, an Influenza zu erkranken, als Ungeimpfte.[48] Die Wirksamkeit des Impfstoffs, der jedes Jahr neu zusammengestellt wird, schwankt von Winter zu Winter. Die bisher höchste Wirksamkeit hatte die Influenza-Schutzimpfung in der Saison 2018/19. Das Vakzin reduzierte damals in

Europa das Erkrankungsrisiko je nach Studie um 32 bis 43 Prozent.[49]

Die Influenza-Schutzimpfungen können vor allem im Umfeld von Kliniken und Gesundheitseinrichtungen, wo Risikopatienten untergebracht sind, einen Beitrag für eine geringere Ansteckungswahrscheinlichkeit leisten, wenn das Personal sich impfen lässt. Der individuelle Schutz von 15 bis 43 Prozent sollte aber nicht überbewertet werden. Auch mit Impfung müssen in Gesundheitseinrichtungen, wo enger Kontakt zu den Patienten besteht, alle Hygienemaßnahmen eingehalten werden. Mitarbeiterinnen und Mitarbeiter mit respiratorischen Symptomen und Krankheitsgefühl sollten zu Hause bleiben, bis sie vollständig kuriert sind.

Auch aus diesem Grund ist es wichtig, dass unsere Kliniken nicht nach ökonomischen Gesichtspunkten geführt werden: Lieber sollten Arbeitgeberinnen und Arbeitgeber ein paar Tage mehr Krankenstand tolerieren und dafür zusätzliches Personal anstellen, als ein erhöhtes Ansteckungsrisiko zu tolerieren. Es wäre jedenfalls sehr riskant, bei einer verhältnismäßig schwachen Impfung wie dem Influenza-Vakzin unseren Mitmenschen den Eindruck zu vermitteln, dass sie als Geimpfte niemand anderen mehr anstecken können. Genau dieser Eindruck wurde aber vor allem zu Beginn der Corona-Impfstoff-Kampagnen und in Teilen auch heute noch von manchen Medien und Politikern und Politikerinnen erweckt, obwohl auch diese Vakzine mit ähnlichen Schwächen bei der Wirksamkeit behaftet sind wie die Präparate gegen Influenza. Besonders einige von der Politik angeordnete Maßnahmen, etwa die 2G-Regel im Einzelhandel, haben bei vielen Menschen zu der Ansicht geführt, dass sie sicher seien und das Virus nicht weitergeben können.

Im Juli 2021 gab der deutsche Virologe Hendrik Streeck im Zusammenhang mit den COVID-19-Vakzinen bekannt: »Wir erreichen mit diesen Impfstoffen keine Herdenimmunität.«[50] Damit war er einer der ersten Virologen, die dieses Faktum mit breiter Reichweite deutlich aussprachen. Streeck informierte die Öffentlichkeit damals darüber, dass man den COVID-19-Erreger »bei immer mehr Geimpften im Rachen nachweisen« kann.

Diese Information war aber schon damals nicht neu. Bereits in meinem Buch *Wir können es besser*, einer im September 2020 erschienenen gesundheitsökologischen Abhandlung über die Corona-Pandemie, berichtete ich über präklinische Versuche mit den Corona-Impfstoffen, in denen das Virus bei geimpften Affen im Nasen-Rachen-Sekret ebenso nachgewiesen werden konnte wie bei ihren ungeimpften Artgenossen.[51] Schon Monate vor der Zulassung gab es genügend wissenschaftliche Evidenzen, um daran zu zweifeln, dass einer der Impfstoffe in der Lage sein würde, eine *sterile Immunität* zu gewährleisten. Die Gründe für diese berechtigten Zweifel legte ich ein weiteres Mal ausführlich im Februar 2021 in meinem Buch *Corona-Impfstoffe: Rettung oder Risiko?* vor.[52]

Bis heute sind weitere Studien erschienen, die diese Bedenken erhärten. Beispielsweise stellte eine am 6. August 2021 erschienene Publikation der amerikanischen *Centers for Disease Control and Prevention* die Ergebnisse einer Kohortenstudie dar, für die ein COVID-19-Ausbruch in Massachusetts aus dem Juli untersucht wurde. 74 Prozent der Infizierten waren doppelt geimpft. Damit betraf der überwiegende Teil der Infektionen bei diesem Ausbruch geimpfte Menschen. In ihrem Nasen-Rachen-Sekret wurde mittels PCR-Tests außerdem eine genauso hohe Virenlast wie bei den ungeimpften Infizierten nachgewiesen.[53] Gleichzeitig wies eine Erhebung aus Wisconsin bei Infizierten, die zum damaligen Zeitpunkt ebenfalls doppelt geimpft waren, im Nasen-Rachen-Sekret vergleichbare infektiöse Virenmengen der Delta-Variante wie bei ungeimpften Infizierten nach.[54]

Eine epidemiologische Erhebung vom Herbst 2021, bei der ein COVID-19-Ausbruch unter Häftlingen untersucht wurde, stellte hinsichtlich der Dauer der Infektiosität keine Unterschiede zwischen ungeimpften und geimpften Personen fest, nachdem sich diese mit der damals dominierenden Delta-Variante des Virus infiziert hatten. Die Autorinnen und Autoren ziehen aus ihren Daten, die sie als Vorveröffentlichung zur Verfügung stellten (Stand Januar 2022), folgende Schlussfolgerung: »Mit zunehmenden Erkenntnissen sollte das Gesundheitswesen berücksichtigen, dass geimpfte Personen, die sich mit SARS-CoV-2 anstecken, um nichts weniger infektiös als ungeimpfte Personen sind. Diese Ergebnisse sind ausgesprochen wichtig, vor allem im Sozialleben, wo die Übertragung des Virus zu weitreichenden Ausbrüchen führen kann.«[55]

Zwar deuten einige Studien auch darauf hin, dass die Viruslast einer geimpften Person nach einer Infektion mit der Delta-Variante schneller abnimmt als bei einer ungeimpften. So zeigen etwa niederländische Forschende der Radboud-Universität, dass die Ausscheidung ansteckender Viren bei Geimpften bereits nach drei Tagen zurückgehen.[56] Dennoch zeigen auch diese Untersuchungen, dass Geimpfte zumindest eine gewisse Zeitlang infektiös sein können und sich entsprechend umsichtig verhalten sollten.

Der Epidemiologe und Universitätsprofessor Gili-Regev-Yochay war an einer Studie in Israel aus dem Dezember 2021 beteiligt, in der die Wirkung einer *vierten* Impfung, also einer dritten Auffrischung gegen SARS-CoV-2 untersucht wurde. Dabei habe sich eine ausgeprägte Antikörper-Antwort gezeigt, bei der die Konzentration der Antikörper eine Woche nach der vierten Impfung im Vergleich zu davor auf das Fünffache anstieg. Danach sei die Konzentration rasch wieder abgefallen, sodass laut Gili Regev-Yochay davon auszugehen sei, dass auch die vierte Impfung nicht zu einer länger anhaltenden Immunisierung als die vorangegangenen Impfungen führen werde. Der Professor kommentierte seine Erkenntnisse folgendermaßen: »Es würde bedeuten, dass wir die Impfung alle vier Monate wiederholen müssten, und das wäre nicht zielführend.«[57] Auch die Europäische Arzneimittelagentur (EMA) betrachtet häufige Auffrischungen der Impfungen als nicht empfehlenswert. Mehr als zwei Auffrischungen in kurzer Zeit könnten laut EMA die menschlichen Immunreaktionen beeinträchtigen.[58]

Der Biologe und Immunologe Tedros Adhanom Ghebreyesus, Generaldirektor der Weltgesundheitsorganisation (WHO), empfahl, die sogenannten »Booster-Kampagnen«, also das mehrmalige Auffrischen der Corona-Impfungen in den Industriestaaten, zu beenden und stattdessen für eine global gerechte Aufteilung der Impfstoffdosen zu sorgen. Die weltweit ungleiche Verteilung der Vakzine, mit Booster-Kampagnen in den reichen Ländern und Impfstoffmangel in ärmeren Regionen, würde eher zur Verlängerung eines pandemischen Zustands beitragen, weil bei einer Pandemie ein international gleich verteilter Impfschutz wesentlich günstiger als die Umsetzung von kurzfristig wirksamen Booster-Aktionen in den Industrienationen ist.[59] Dieser Einschätzung schloss sich auch der unabhängige internationale Impfstoffrat der WHO, bekannt als SAGE, an. Der Nutzen einer global gerechten Gleichverteilung der Impfstoffe sei höher als der Nutzen von Booster-Kampagnen.[60]

Wenn ein Impfstoff in Bezug auf das Virus, gegen das er wirken soll, keine »sterilisierende« Wirkung hat, bedeutet das, dass man auch als geimpfte Person Überträger des Erregers werden kann – sogar dann, wenn man selbst von der Infektion nur wenig oder gar nichts bemerkt. Wenn geimpfte Menschen, die das Virus weiterhin übertragen können, in dem Glauben gelassen werden, dass sie keine Gefahr mehr für andere seien, stellt dieser Irrtum ein infektiologisches Risiko für die öffentliche Gesundheit dar. Denn dann wissen diese Menschen nicht, dass sie trotz der Impfung zum Schutz anderer Hygienemaßnahmen sowie Abstandsregeln einhalten und sich bei Teilnahme am sozialen Leben am besten weiterhin regelmäßig testen lassen sollten.

Die fehlende sterile Immunität nach Impfstoffen gegen Coronaviren ist nicht überraschend, sondern ein typisches Problem aller Atemwegsinfektionen. Sie ist auch von Influenza-Vakzinen bekannt und hat evolutionsbiologische Gründe, mit denen wir uns gleich näher befassen werden. Schon vor dem Beginn der klinischen Tests mit den Corona-Impfstoffen wiesen Immunologinnen und Immunologen auf diese Problematik hin und warnten vor überzogenen Erwartungen. Am 16. März 2020, kurz nach Beginn der COVID-19-Pandemie, schrieb der Immunologe Shibo Jiang in einem Beitrag für *Nature*: »Der Erreger SARS-CoV-2 könnte durchaus auf eine Weise mutieren, die zuvor wirksame Impfstoffe und antivirale Medikamente rasch nutzlos macht. Daher sollte jede Aufsichtsbehörde, die in Erwägung zieht, Testverfahren zu beschleunigen, genau prüfen, wie wahrscheinlich es ist, dass die Substanzen über eine spezielle Coronavirus-Variante hinaus noch wirken.«[61]

Der Grund, warum der Schutz vor einer schweren Infektion – auch *klinische Immunität* genannt – noch keine Unterbrechung der Infektionskette, also keine sterile Immunität bewirken muss, lässt sich immunbiologisch nachvollziehen: Der Impfstoff, der ins Muskelgewebe injiziert wird, führt zur Bildung von T-Zellen-Immunität und Antikörpern, die in der Blutbahn zirkulieren und die Aktivität des Virus in unserem Organismus abschwächen. So werden Ausbreitung, Vermehrung und Schädlichkeit des Erregers in unserem Körper eingedämmt. Daher kann ein individueller Schutz vor tieferen organischen Schäden bei vielen Impfstoffen gegen Atemwegserkrankungen erwartet werden, allerdings ergibt sich daraus noch kein Schutz vor einer Infektion und einer Weitergabe des Erregers an Mitmenschen. Zwar ist davon auszugehen, dass Antikörper über die Blutbahn bis in die Schleimhäute des Nasen-Rachen-Raums gelangen, es bleibt aber unklar, wie stark konzentriert und wirksam sie dort sind. Eine Vermehrung des Erregers in diesem Bereich kann trotz der klinischen

Immunität noch stattfinden, sodass wir über das Schleimhautsekret ähnlich wie die Affen im Tierversuch ansteckend bleiben. Der Grund? An den Schleimhäuten ist vorwiegend unsere Hintergrundimmunität als erste Instanz der Abwehr relevant. Das sind vor allem Riesenfresszellen und Neutrophilen, die sich durch das Gewebe bewegen. Die Antikörper im Blut schützen vorwiegend vor tiefen Lungenschäden und schweren Krankheitsverläufen, sie »sterilisieren« jedoch nicht das Nasen-Rachen-Sekret.

Eine mögliche Lösung für dieses in der Immunbiologie seit langer Zeit bekannte Problem könnte darin bestehen, Impfstoffe gegen Atemwegsinfektionen zu entwickeln, die nicht in Muskelgewebe injiziert, sondern an der Nasen-Rachen-Schleimhaut verabreicht werden. Diese Form der Applikation würde die zelluläre Immunantwort direkt an der Eintrittspforte trainieren, über die Erreger von Atemwegsinfekten in unseren Körper gelangen. Aus diesem Grund arbeitet die Universität für Bodenkultur in Wien, die kurz »BOKU« genannt wird und ein europaweit renommiertes Zentrum der Biowissenschaften und Biotechnologie darstellt, an Impfstoffen gegen Atemwegsinfektionen, die mittels eines Nasensprays verabreicht werden. Die Universität entwickelt unter anderem ein Nasenvakzin gegen COVID-19.[62] Mit Stand vom Januar 2022 ist die Marktreife dieses Produktes aber noch nicht in absehbarer Zeit zu erwarten.

Ein weiterer evolutionsbiologischer Grund für die rasche Mutationsrate bekannter Erreger von Atemwegserkrankungen ist, dass viele von ihnen RNA-Viren sind, so wie die Influenza- und Coronaviren. Bei diesen Pathogenen liegt das Erbmaterial nicht gesammelt als DNA vor, sondern einfacher strukturiert in einzelnen Abschnitten als RNA. Die genetischen Reparaturmechanismen dieser Viren sind weniger effizient als bei Organismen mit DNA. Daher werden zufällige Mutationen des Erbmaterials weniger häufig »korrigiert«. Genetische Veränderungen der Viren nach dem Zufallsprinzip kommen häufig vor.[63] Aus diesem Grund steigt die Wahrscheinlichkeit, dass sich eine Mutation als evolutionärer Vorteil für den Erreger erweist und im andauernden Wettrennen zwischen der Wirtsspezies und der Virenart durchsetzt.

Eine Hypothese besagt darüber hinaus, dass Influenza- und möglicherweise Coronaviren in der Lage sind, Abschnitte ihrer RNA miteinander auszutauschen und untereinander zu kommunizieren. Das würde bedeuten, dass bei einer Infektion durch zwei verschiedene Stämme eines Virus auch Mutationen und genetische Anpassungen an die »Verwandten« weitergegeben werden können. Dadurch ließe sich erklären, warum die Anpassungsstrategien der Erreger von Atemwegsinfektionen besonders effizient sind. Rein zufällige Mutationen allein reichen als Erklärung für die schnellen Mutationsstrategien nicht aus.

Diese rasche Anpassungsfähigkeit führt auch dazu, dass sich zwischen Atemwegsviren und der menschlichen Spezies rasch ein Gleichgewicht einstellen kann, sodass die Erreger ansteckender, aber »harmloser« werden. Die Hospitalisierungs- und Sterberate der Infizierten sinkt.

Evolutionsbiologisch handelt es sich dabei um typische Anpassungsleistungen von Atemwegserregern an ihre Wirtsorganismen. Der Tod des Wirts liegt nicht im evolutionären Interesse eines Virus. Die biologische »Fitness« des

Erregers steigt nicht durch schwere Erkrankungen und das Versterben des Wirtsorganismus, sondern durch effiziente Vermehrung und Verbreitung innerhalb der Wirtspopulation. Dieses Ziel erreicht ein Atemwegsvirus am besten durch Konzentration im Nasen-Rachen-Raum und Verbreitung über das Sekret der dortigen Schleimhäute.

Wie sich Infektiosität, Infektionsverlauf sowie Durchbruchsinfektionen, Weitergabe des Erregers durch geimpfte Mitmenschen und der individuelle Impfschutz nach dem Auftauchen der Omikron-Variante und weiterer Mutationen von SARS-CoV-2 entwickeln werden, lässt sich mit Redaktionsschluss für dieses Buch im Januar 2022 noch nicht abschätzen. Die Erkenntnisse aus den vorangegangenen Betrachtungen lassen sich aber auf alle viralen Erreger von Atemwegsinfektionen übertragen, von Corona- über Influenza- bis hin zu Rhinoviren. Es handelt sich um zeitlose evolutionsbiologische Grundlagen.

Impfstoffe gegen Atemwegsinfekte wie Corona und Influenza bleiben ohne Zweifel insbesondere für Personen, die altersbedingt oder aufgrund von Vorerkrankungen zu den COVID-19-Risikogruppen zählen, empfehlenswert, solange sie einen individuellen Schutz vor schweren Verläufen mit den jeweils aktuellen Virus-Varianten bieten. Um das zu gewährleisten, sind regelmäßige Anpassungen der Vakzine nötig, wie sie 2021 unter anderem im *Journal of Infection* und im *International Journal of Immunopathology and Pharmacology* auch aus Gründen der Impfstoffsicherheit dringend empfohlen wurden.[64] Die evolutionsbiologische Natur von Atemwegserregern macht diese laufenden Anpassungen notwendig.

TEIL 3

Ökoimmunologie

KAPITEL 7

Das Immunsystem in freier Wildbahn – Lernen von Vögeln, Amphibien und Primaten

Die *Ökologie*, die neben der Botanik und der Zoologie zu den drei ältesten Grundsäulen der Biologie gehört, ist eine umfassende Beziehungswissenschaft, eine Lehre von den großen Zusammenhängen in der Natur. Von der globalen Ebene bis in den Mikrokosmos untersucht sie den Naturhaushalt und betrachtet dabei das Natur- und Kulturwesen Mensch als Teil davon. Ernst Haeckel, ein deutscher Zoologe, Philosoph und Arzt, begründete die Ökologie in den Jahren 1866 bis 1869 und verlieh ihr ihre erste Definition: »Unter Ökologie verstehen wir die gesamte Wissenschaft von den Beziehungen des Organismus zur umgebenden Außenwelt, wohin wir im weiteren Sinne alle ›Existenzbedingungen‹ rechnen können.«[65]

Wenn auch die explizite immunbiologische Forschung erst vierzehn Jahre später durch den russischen Zoologen und Bakteriologen Ilja Iljitsch Metschnikow begonnen wurde, der durch seine Entdeckung des zellulären Immunsystems im Jahr 1883 zum ersten Immunologen im modernen Sinn wurde, war in Haeckels ursprünglicher Definition der Ökologie das Immunsystem bereits mit einbezogen. Denn die »Beziehungen des Organismus zur umgebenden Außenwelt« umfassen auch die Beziehungen des Immunsystems zur Umwelt. Wie wir aus den früheren Kapiteln dieses Buches wissen, ist unser Immunsystem ein Umweltsystem. Mit diesem Forschungsgegenstand befasst sich die ökologische Immunologie oder *Ökoimmunologie*. Der Begriff »ökologische Immunologie« wurde zum ersten Mal 1996 in einem englischsprachigen wissenschaftlichen Journal aus dem Fachbereich *Ökologie und Evolutionsbiologie* verwendet. Diese Veröffentlichung behandelte die Co-Evolution zwischen Parasiten und ihren Wirtsorganismen im Zusammenhang mit Umweltfaktoren.[66]

Die Beziehungslehre rund um das Immunsystem

Die Ökoimmunologie untersucht im Labor sowie durch Feldstudien, wie äußere und innere Faktoren die Funktion des Immunsystems beeinflussen. Sie betrachtet das Immunsystem niemals nur für sich allein, sondern immer in einem größeren Kontext. In erster Linie ist die Ökoimmunologie die Wissenschaft vom »Immunsystem in freier Wildbahn«. Die Auswirkung von Umwelteinflüssen auf die Abwehrfunktionen von Menschen, Tieren und Pflanzen stehen im Fokus dieser jungen Forschungsrichtung – und damit auch die pathogenen Einflüsse, die eine zerstörte und schadstoffbelastete Umwelt mit sich bringt. Doch damit wäre die Erforschung des Immunsystems in freier Wildbahn noch nicht vollendet. Die Ökoimmunologie widmet sich auch den gesundheitsschützenden Wirkungen von Naturstoffen und Naturreizen aus intakten Ökosystemen, die, wenn sie uns umgeben und auf uns einwirken,

Unsere Gesundheit hängt auch von unserer Umwelt ab

unsere Immunfunktionen fördern und uns widerstandsfähiger gegenüber Krankheiten machen.

Darüber hinaus betrachtet die Ökoimmunologie auch den Organismus selbst als Ökosystem und untersucht zum Beispiel das Zusammenwirken zwischen dem Mikrobiom der Haut oder den Darmmikroben mit dem Immunsystem. Auch der Einfluss der Psyche, des Hormon- und Nervensystems auf Immunfunktionen ist Gegenstand ökoimmunologischer Forschungen. Sehr aktuell sind Fragen rund um den globalen Klimawandel: Wie wirkt sich die Zunahme von Wetterextremen auf das Immunsystem von Menschen, Wildtieren, Wildpflanzen und auf die Gesundheit von Ökosystemen aus, in denen diese Organismen leben?

Beispielsweise haben Ökoimmunologinnen und Ökoimmunologen festgestellt, dass arktische Eisbären durch die Erwärmung ihrer Lebensräume und das Fortschreiten der Eisschmelze zunehmend mehr Infektionen und auch schwerere Infektionsverläufe durchmachen. Aufgrund der Erwärmung der Arktis dringen bakterielle und virale Erreger sowie Parasiten weiter in den frostigen Lebensraum vor. Diese Pathogene waren dem Immunsystem der Eisbären bisher unbekannt. Sie kamen in der Stammesgeschichte der nordischen Bären nicht vor. Daher verfügt das Immunsystem der Tiere auch über keine Erfahrung mit den neuen Erregern. Häufigkeit und Schwere von Infektionskrankheiten nehmen zu. Diese Erkenntnis wurde mittels Blutproben abgesichert, bei denen neben den Infektionen auch gesteigerte Entzündungsvorgänge im Bärenorganismus nachgewiesen wurden.[67]

Bei Fragen rund um die globale Erwärmung sollten wir

immer im Hinterkopf behalten, dass diese nur eines der zahlreichen Gesichter eines viel größeren und umfangreicheren Umweltwandels darstellt. In dessen Zentrum steht der Verlust der Biodiversität, also der Vielfalt der Arten und Naturräume auf unserem Planeten, der auf Schadstoffe, Bebauung, Degradierung von Ökosystemen und einen schier unstillbaren Verbrauch natürlicher Ressourcen zurückzuführen ist. Wir leben, als hätten wir zehn Planeten zur Verfügung – und das auf Kosten benachteiligter Weltregionen. Der Klimawandel ist eine Facette, ein Symptom einer weltumspannenden Ökologiekrise – aber er ist nicht das einzige.

Doch auch die bisherigen Kapitel dieses Buches über das »kriechende Immunsystem« der Amöben, die Immunfunktionen von Quallen und Korallen, Algen und Pflanzen, Taufliegen und Zebrafischen sowie die Evolution der Viren, deren Erforschung mit der Entdeckung des ersten Virus in Tabakpflanzen begann, waren bereits Streifzüge durch die Themen der Ökoimmunologie. Wir setzen nun unsere Betrachtungen der ökoimmunologischen Lehre und Forschung mit den Vögeln und Amphibien fort, begegnen schließlich nichtmenschlichen Primaten, die uns wieder zu uns selbst führen werden.

Werfen wir zunächst einen Blick auf das Ökosystem Wald, das ein hervorragendes Anschauungsobjekt für *ökosystemische Immunfunktionen* darstellt. Damit meine ich die Kooperation unter Organismen, die in einem Habitat im Gleichgewicht zueinander wachsen, krabbeln, klettern, ranken und leben. Sie sind dazu in der Lage, so wie die Algen in ihrem Wasserreich, mittels Botenstoffen und biologischer Kommunikation ihre Immunsysteme miteinander zu vernetzen, sodass sich eine Art kollektive Immunität eines ökologischen »Superorganismus« bildet. Danach steht im Kapitel 8 wieder der *Homo sapiens* im Mittelpunkt, zu dem uns die Betrachtung der Tier- und Pflanzenwelt ein weiteres Mal führen wird.

Umwelt, Sozialleben und Immunsystem bei Vögeln

Aves, die Klasse der Vögel aus dem Unterstamm der Wirbeltiere, hebt sich in vielerlei Hinsicht vom Rest des Tierreichs ab. Kein anderes Landwirbeltier ist so perfekt zum Fliegen gerüstet wie die Vögel – auch nicht die Fledertiere, zu denen die Fledermäuse und Flughunde zählen. Der Stoffwechsel der Vögel läuft außergewöhnlich schnell und effizient ab. Ihr Gehirn ist im Verhältnis zum Schädel groß, ihre Intelligenz hoch. Das älteste fossile Skelett eines »Urvogels«, genannt *Archaeopteryx*, wurde 1861, zu Charles Darwins Zeit, in Solnhofen in Bayern entdeckt. Dieser Vorfahre der heutigen Vögel lebte vor 150 Millionen Jahren. Er war ein Wesen des Mesozoikums, genauer gesagt der Jura. Sein Körper offenbarte die verwandtschaftliche Nähe zu den älteren Dinosauriern. Das Tier verfügte über einen Schwanz und scharfe Krallen wie ein Reptil und zugleich über Flügel wie ein Vogel. Spätere Fossilfunde bestätigten die Hypothese, dass Vögel von Dinosauriern abstammen.

Alle Wildtiere, in besonderem Maße die Vögel, sind eng mit den Rhythmen der Natur verbunden. Ihre Paarungszeit im Frühjahr beginnt mit äußeren Umweltreizen, die den Tieren signalisieren, dass es nun Zeit ist, ihre Aktivitäten zu steigern, Nester zu bauen, die Balz zu beginnen und sich um ihre Jungen zu kümmern. In dieser Zeit verbrauchen Vögel viel Energie. Die Mauser, also die Erneuerung des Federkleids, findet bei Vögeln in gemäßigten Klimazonen nie zur selben Zeit wie der Nestbau und die Paarung statt. Denn dieser wichtige Regenerationsprozess zur Aufrechterhaltung der Flugfähigkeit ist ebenfalls sehr energieaufwendig. Er beginnt je nach Vogelart zu unterschiedlichen Zeitpunkten, meistens vor der Paarungszeit im späten Winter oder frühen Frühjahr oder nach der Brutzeit im späten Frühjahr oder Frühsommer. Manche Vögel, wie zum Beispiel die Enten, sind während der gesamten Mauser nicht flugtauglich. Jungvögel machen häufig eine Teilmauser durch, nachdem sie das Fliegen erlernt und das Nest verlassen haben. Bei Vogelarten in ganzjährig warmen Klimazonen findet hingegen eine ständige Mauser statt, bei der das Federkleid nie ganz ausfällt, sondern sukzessive abgestoßen und erneuert wird.

Bei Zugvögeln sind der zeitgerechte Abflug und die Rückkehr ein weiteres Beispiel für die Existenz einer lebensnotwendigen inneren Uhr, die Gegenstand der Chronobiologie ist. Für die Steuerung all dieser Rhythmen und des inneren Kompasses des Vogellebens ist das Hormonsystem zuständig. Dieses reagiert auf Umweltfaktoren wie Temperatur, Tageslänge oder Eignung des Lebensraums. In der Stammesentwicklung der Vögel ist die Erfahrung aller Vorfahren – wie bei jeder anderen Spezies – tief verankert und genetisch festgeschrieben, also angeboren. Vögel wissen intuitiv, ob ein bestimmtes Habitat gut für sie geeignet ist oder sie besser ein anderes suchen sollten. Ihr Hormonsystem unterstützt sie dabei. Daher muss es auch auf Sinneswahrnehmungen reagieren. Befindet sich der Vogel beispielsweise beim Nestbau an einem geeigneten Ort, wird das evolutionär gespeicherte Wissen über gute und schlechte Lebensräume, das in ihm schlummert, aktiviert. Das Hormonsystem schüttet Stoffe aus, die positive und lustvolle Gefühle wie Glück und Zufriedenheit auslösen. Wie bei uns Menschen gehören diese zur Gruppe der Endorphine.

Ökoimmunologische Feldstudien haben gezeigt, dass auch die Immunfunktionen der Vögel stark von hormonellen Abläufen geprägt sind. Bei Vögeln, die in artgerechten Habitaten brüteten, wurde eine gesteigerte Aktivität des angeborenen Immunsystems mit geringerer Anfälligkeit für Krankheitserreger und Parasiten festgestellt – und zwar im Vergleich zu den Vögeln, die in Habitaten brüteten, welche weniger gut für ihre Art geeignet waren, zum Beispiel, weil dort zu wenige Deckungsstrukturen vorhanden waren oder der Lebensraum durch Lärm oder Schadstoffe belastet oder durch Rodungen degradiert war. Die durch Umweltfaktoren gestresste Gruppe wies einen erhöhten Gehalt an Stresshormonen im Blut sowie eine höhere Krankheitsanfälligkeit auf. Außerdem wurde bei diesen Tieren eine Reduktion der Antikörperproduktion dokumentiert.[68]

Eines der wichtigsten Stresshormone der Vögel ist, wie bei Nagetieren, *Corticosteron*. Es wird zusammen mit *Cortisol* in der Nebennierenrinde produziert. Auch bei uns Menschen spielen beide Stresshormone eine Rolle und werden, wie bei Vögeln, in der Nebennierenrinde hergestellt. Allerdings besitzt Corticosteron bei uns eine untergeordnete Bedeutung gegenüber Cortisol.

Sowohl Corticosteron als auch Cortisol haben eine nachweislich dämpfende Wirkung auf das Immunsystem. Aus diesem Grund wird diese Gruppe von Hormonen auch therapeutisch eingesetzt, um gezielt Entzündungen zu unterdrücken. Im Organismus des Vogels oder Menschen sind sie an den katabolen, also aufbauenden Stoffwechselvorgängen beteiligt. Sie steuern gemeinsam mit anderen Botenstoffen auch die »Flucht-oder-Kampf-Reaktion«, also die biologische Reaktion auf eine potenzielle Gefahrensituation. Um Energie für die körperliche Alarmbereitschaft zur Verfügung zu stellen, ziehen sie dem Immunsystem Energie ab. Ein länger anhaltender Überschuss dieser Hormone kann daher das Infektionsrisiko erhöhen, was in den genannten ökoimmunologischen Studien mit Vögeln, die in nicht artgerechten Habitaten brüteten, als Schwächung der zellulären Immunabwehr und der Antikörperbildung messbar war. Stress macht krank – auch Vögel! Und Stress kann durch Umweltfaktoren ausgelöst werden, wie diese Beispiele zeigen.

Bei Vögeln, die in artgerechten Habitaten brüten, wird im Blut häufig auch ein höherer Gehalt an *Dehydroepiandrosteron* (DHEA) als bei Tieren aus weniger artgerechten Lebensräumen gemessen. Auch diese Substanz ist ein Nebennierenrindenhormon, das als Gegenspieler der genannten Stresshormone fungiert und die Immunaktivität nachweislich fördert.[69] Die menschliche Nebennierenrinde produziert dieses Hormon ebenfalls. Wie bei den Vögeln

Umweltstress wirkt sich beim Bluthänfling genauso negativ aus wie bei uns Menschen

wirkt sich die Substanz bei uns günstig auf die Abwehrkräfte aus und wird vermehrt ausgeschüttet, wenn wir uns in intakten Ökosystemen aufhalten. Damit werden wir uns noch befassen, denn unser Hormonsystem ist, wie bei anderen Wirbeltieren, einer der wichtigsten Vermittler zwischen Umweltreizen und unserem Immunsystem.

Nicht nur ungünstige Umwelteinflüsse, sondern auch soziale Stresssituationen führen über die Ausschüttung von Stresshormonen bei Vögeln zu einer Schwächung des

Immunsystems. Der Mechanismus ist uns schon bekannt: Stresshormone erfüllen ihre Aufgabe, indem sie Energie aus dem Immunsystem und anderen Organsystemen abziehen, um diese einer möglichen Flucht- oder Kampfreaktion zuzuführen. Studien mit Hühnern haben nachgewiesen, dass soziale Stressfaktoren den Corticosteron- und Cortisolspiegel im Blut erhöhen, die zelluläre Immunaktivität hemmen und die Tiere anfälliger für virale Infektionen wie die Newcastle-Krankheit machen.[70] Dabei handelt es sich um eine hoch ansteckende Geflügelkrankheit, die durch ein RNA-Virus ausgelöst wird. Infizierte Vögel entwickeln hohes Fieber, Apathie, Appetitlosigkeit, Atemnot sowie Durchblutungsstörungen. Die Sterberate ist hoch, weshalb die Krankheit in Anlehnung an die ähnlich schwerwiegende Geflügelpest auch als *atypische Geflügelpest* bezeichnet wird. Sogar bei Vögeln ist der Zusammenhang zwischen sozialem Stress und Infektionsanfälligkeit also bereits erwiesen.

Sozialen Stress erleben jene Vögel, die so wie Hühner in Herden leben, beispielsweise durch eine Störung der Hackordnung. Wenn die Tiere nicht wissen, wo ihr Platz in der Hierarchie ist, kommt es häufig zu Konflikten. Konkurrenzkämpfe sowie Platzmangel führen zu sozialem Stress. In der Geflügelhaltung sind die Herden meistens zu groß. Daraus resultiert ebenfalls erheblicher Stress. In diesem Zusammenhang liefert die Ökoimmunologie auch Argumente für eine artgerechte Tierhaltung mit überschaubaren Gruppengrößen und ausreichenden Rückzugsmöglichkeiten für die einzelnen Tiere. Das reduziert die Gefahr von Tierseuchen, die potenziell auch auf den Menschen überspringen und zur Entstehung von Zoonosen – das sind von Tieren stammende neue Infektionskrankheiten des Menschen – führen könnten.

Virale oder bakterielle Zoonosen können sich zu Epidemien und Pandemien entwickeln. Beispielsweise wurde die durch ein Coronavirus verursachte Infektionskrankheit MERS durch die Kamelzucht und den Verzehr von Kamelfleisch und Kamelrohmilch erstmals auf den Menschen übertragen.[71] Dieses Beispiel zeigt, dass wir auch in unserem eigenen Interesse auf artgerechte Tierhaltung und ein möglichst intaktes Immunsystem bei landwirtschaftlichen Nutztieren achten sollten.

Die Ökoimmunologie untersucht zudem, wie sich Umweltbedingungen beim Legen und Brüten der Eier auf das Immunsystem von Jungvögeln auswirken. Interessanterweise bereiten die weiblichen Vögel ihren Nachwuchs auf regionale Parasiten und Krankheitserreger vor, indem sie das Eigelb mit Antikörpern gegen bestimmte Pathogene anreichern, die in ihrem Habitat vorkommen. Auch dieser Prozess wird über das Hormonsystem der Vogelmütter während der Erzeugung des Eies im mütterlichen Organismus gesteuert. So zeigte etwa eine ökoimmunologische Studie, dass in den Eiern von weiblichen Vögeln, die Parasiten wie zum Beispiel Milben, Würmern oder auch bakteriellen und viralen Erregern ausgesetzt waren, im Eigelb signifikante Mengen an Antikörpern gegen genau diese Erreger zu finden waren. Dieses ökoimmunologische Gleichgewicht zwischen Vogeleiern und Umwelt erwies sich durch den Einfluss stressauslösender Umweltbedingungen als gestört. Dazu zählen Trockenheit, übermäßige Unwetter, ein nicht artgerechter Lebensraum sowie abermals soziale Stressfaktoren.[72]

Die Ökoimmunologie liefert damit schon bei Vögeln den Nachweis, dass sich Störfaktoren aus der physischen oder sozialen Umwelt immunbiologisch sogar auf den noch ungeborenen Nachwuchs negativ auswirken können. Bei Säugetieren, bei denen die Jungen ihre gesamte Entwicklung bis zur Geburt im Mutterleib durchmachen, ist dieser Zusammenhang noch deutlicher. Beispielsweise wurde bei Rindern, Schweinen und anderen Säugetieren aus der agrarischen Tierhaltung nachgewiesen, dass Jungtiere, deren Mütter sozialen oder umweltbezogenen Stressfaktoren ausgesetzt waren, noch Wochen nach der Geburt schwächere Immunantworten zeigten als Artgenossen, die von Müttern in artgerechter Umgebung und mit geringerem sozialen Stressniveau geboren wurden. Auch hierbei wird ein Zusammenhang zwischen Umwelt- und Sozialfaktoren mit dem Hormonsystem vermutet, das Immunantworten mit steuert. Die betroffenen Jungtiere wiesen beispielsweise eine schwächere Antwort der Lymphozyten, also der T-, B- und natürlichen Killerzellen auf. Außerdem waren die Jungen der umweltgestressten Mütter weniger dazu in der Lage, Antikörper aus der Muttermilch aufzunehmen, als dies bei Vergleichstieren mit geringerem Stressniveau der Fall war.[73] Wie bei Geflügel stellt also auch bei Säugetieren die Art der Tierhaltung einen maßgeblichen Faktor für die Tiergesundheit und damit auch für die Ernährungssicherheit und Lebensmittelqualität der Menschen dar, die tierische Erzeugnisse konsumieren.

Die Amphibien oder Lurche sind eine Klasse der Landwirbeltiere, die von Fischen abstammt. Sie krochen vor 400 Millionen Jahren an Land, entstammen also dem mittleren Paläozoikum, genauer dem Devon. Obwohl sie an Land gekommen waren, behielten sie bis heute einen Teil ihrer frühen evolutionären Vergangenheit als Fische: Amphibien können sich ausschließlich in Gewässern fortpflanzen. Ihre Larven leben wie Fische vollständig im Wasser. Die Kaulquappen der Frösche und Kröten sind ein Beispiel für diesen Lebensabschnitt. Heutige Vertreter der Amphibien sind die Gruppe der *Froschlurche* mit den Fröschen, Kröten und Unken sowie die *Schwanzlurche* mit den Salamandern und Molchen und die Gruppe der *Schleichenlurche*, deren Vertreter äußerlich einer Mischung aus kleiner Schlange und Regenwurm ähneln. Diese dürfen aber nicht mit den Schleichen verwechselt werden, die wie die Blindschleichen zu den Echsen zählen und Reptilien sind.

Weltweit wurden bisher fast 7000 Arten von Amphibien beschrieben, und es werden immer mehr. Für die Ökoimmunologie sind Amphibien besonders interessant und herausfordernd, weil sie das Leben an Land und im Wasser vereinen. Sie leben zeitweise in engem Kontakt mit aquatischen Ökosystemen. Wie wir von den Nesseltieren bereits wissen, bringt das Leben im Wasser besondere immunbiologische Herausforderungen mit sich, weil ein aquatischer Organismus vom Wasser und den darin lebenden Mikroorganismen mitsamt den Bakterien und Viren des Mikroplanktons umspült wird und daher Außengrenzen benötigt, die besonders gut zwischen »Freund« und »Feind« unterscheiden können, um Schädliches effizient abzuwehren und Nützliches einzuladen. Darüber hinaus durchleben Amphibien mehrere Stadien vom Embryo über die vollständig im Wasser lebende Larve bis hin zum erwachsenen Frosch oder Salamander, der als Grenzgänger zwischen Land und Wasser existiert. Das Immunsystem dieser Tiere muss mit unterschiedlichen Umwelten zurechtkommen und benötigt daher Flexibilität und Anpassungsfähigkeit.

Biologinnen und Biologen warnen vor einem zunehmenden Verschwinden der Amphibienarten. Die Gründe dafür sind vielfältig. Sie reichen von rasanten klimatischen Veränderungen und Austrocknung ihrer Lebensräume, Schadstoffbelastung, Zerstörung von Habitaten durch die Agrarindustrie oder Verbauung bis hin zur Einschleppung neuer Arten durch den Menschen, die autochthone, also ansässige Amphibien als Konkurrenten verdrängen. Jün-

Frösche besitzen ähnliche Immunzellen wie der Mensch

gere ökoimmunologische Studien belegen, dass Amphibien außerdem durch eine Zunahme von Infektionskrankheiten gefährdet werden. Dazu gehören unter anderem Infektionen mit Ranaviren. Das sind DNA-Viren, deren Name sich von dem lateinischen Wort *rana* für »Frosch« ableitet. Außer den Amphibien befallen diese Viren auch einige Fisch- und Reptilienarten. Sie sind aber vor allem für Frösche und Kröten eine Gefahr. Symptome der schlicht als »Ranavirus-Krankheit« bezeichneten Seuche sind Hautrötungen, Geschwüre und Blutungen an den Schleimhäuten sowie innere Blutungen, die oft zum Tod führen.

Beispielsweise wurde im Jahr 2021 ein Ausbruch der Ranavirus-Krankheit in Florida dokumentiert, die dort zu einem Massensterben von Fröschen und Kröten führte.[74] 2014 hatte ein ähnliches Massensterben aufgrund desselben Erregers im spanischen Nationalpark *Picos de Europa* stattgefunden.[75] Einer der Gründe für die Zunahme der Seuche wird im Klimawandel vermutet, denn eine experimentelle Studie hat nachgewiesen, dass Ranaviren mit steigenden Temperaturen aktiver, virulenter und daher für Amphibien tödlicher werden.[76]

Eine weitere zunehmende Bedrohung der Amphibienwelt ist die *Chytridiomykose*, eine Pilzinfektion, die durch schwimmende Pilzsporen im Wasser übertragen wird und besonders heimtückisch ist. Die Sporen – das ist eine Art von »Keimlingen« der Pilze – infizieren die Tiere über die Haut oder die Mundschleimhaut und verwandeln sie in eine einzige »Pilzsporenfabrik«. Die befallenen Tierkörper vergrößern sich, und ihre Organe werden nach und nach zerstört, bis sie versterben. Ihre Kadaver sind dann nichts anderes mehr als Brutstätten des Erregers, aus denen Unmengen an Sporen austreten. Dieser Infektionsvorgang ist eine makroskopische Manifestation der vergleichbaren viralen Infektion im mikroskopischen Bereich. Wie die pathogenen Pilze, die Amphibien befallen, wandeln auch Viren die Wirtszelle in Virenfabriken um und töten sie dabei ab, um anschließend in großer Zahl aus ihnen auszutreten. Die genauen Infektionsmechanismen der Pilz-Epidemien bei Amphibien sind noch nicht bekannt und werden derzeit ökoimmunologisch untersucht, da sich auch diese Art der Infektionen im Vormarsch befindet.

Die Erkenntnisse der Ökoimmunologie lehren uns, dass die Immunsysteme von Amphibien jenen aller anderen Wirbeltiere sehr ähnlich sind. Sie verfügen über adaptive Immunantworten mit T- und B-Zellen sowie Antikörper – und über zahlreiche Immunzellen, die unseren eigenen ähneln. Darunter befinden sich auch Fresszellen. Die wichtigsten Immunorgane der Amphibien sind Thymusdrüse, Milz, Leber und Nieren. Die Tiere verfügen über ein Lymphsystem, in dem Abwehrzellen zirkulieren. Wie bei uns ist das Lymphsystem rund um den Darm verdichtet. Sowohl natürliche Killerzellen als auch Toll-like-Rezeptoren wurden bei Amphibien nachgewiesen, was sie mit unserer eigenen Spezies verbindet.[77]

Aufgrund des abwechselnden Lebens an Land und im Wasser haben sich Amphibien die ganzkörperliche Schleimschicht ihrer Vorfahren aus dem Reich der Fische erhalten, die ihre äußerste Hautschicht überzieht. Für die Ökoimmunologie ist diese Tiergruppe von besonderem Interesse, weil ihre Haut mit der Vielfalt der dort lebenden

Mikroben ein komplexes Ökosystem darstellt, von dem wir auch vieles über unsere eigenen Abwehrfunktionen lernen können. Die Schleimschicht bietet Mikroorganismen einen feuchten, nährstoffreichen und gut geschützten Lebensraum. Daher ist das angeborene Immunsystem der Amphibienhaut besonders aktiv, ähnlich wie an unseren eigenen Schleimhäuten und vor allem in unseren Atemwegen sowie im Darm. Speziell die Phagozyten, also Fresszellen, sind auf dem feuchten Amphibienkörper aktiv. Sie stellen dort den wichtigsten Abwehrmechanismus dar. Wie bei den Nesseltieren ist die Amphibienhaut eine lebende »Chemiefabrik«. Antimikrobielle Peptide töten unerwünschte Mikroben ab.

Die eigentlich sehr effiziente immunologische Barriere der Amphibienhaut scheint die Tiere nicht verlässlich vor der zuvor genannten schweren Pilzinfektion Chytridiomykose zu schützen. Ökoimmunologinnen und Ökoimmunologen gehen davon aus, dass der Erreger Wege gefunden hat, durch Zellgifte Immunzellen zu schädigen, sobald ihm eine erste Infektion gelungen ist. Diese Gifte leiten in den Fresszellen und natürlichen Killerzellen der Amphibien den Zelltod ein, ähnlich wie es die natürlichen Killerzellen andersherum mit Erregern oder kranken Körperzellen anstellen. Oft wird auf beiden Seiten, bei den Pathogenen und beim Wirt, mit den gleichen Waffen gekämpft.

Dennoch stellt die Immunbarriere der schleimigen, feuchten Amphibienhaut einen in der Regel hoch effizienten Schutzwall gegen tägliche Pathogene dar. Dabei heißt das Geheimrezept der Amphibien »Symbiose«. Diese Tiere sind wahre Meister des Prinzips eines körpereigenen Mikrobioms. Nach dem Vorbild der Nesseltiere beherbergt ihre Haut auch nützliche Bakterien als Antagonisten von Krankheitserregern, also als Gegenspieler der krank machenden Keime.

Einer dieser symbiotischen Antagonisten ist *Aeromonas hydrophila*, ein Bakterium, das im Wasser lebt und von dort auf die Haut von Amphibien übertritt. Das Bakterium benötigt Feuchtigkeit, um zu leben – und diese findet es unter der Schleimschicht der Haut von Fröschen, Salamandern und Co. zur Genüge. Die Übertragung dieses Symbionten aus dem Wasser ist gut dokumentiert. Bei anderen nützlichen Bakterien aus dem »Ökosystem Amphibienhaut« ist der Weg der Übertragung noch nicht bekannt, wird aber ökoimmunologisch intensiv erforscht. Vermutlich nehmen die Tiere ihre bakteriellen Partner außer aus dem Wasser auch aus dem Erdboden auf, denn dort leben zahlreiche ungefährliche, potenziell nützliche Mikroben. Die Erforschung der immunbiologischen Ökologie zwischen Amphibien und Bakterien ist ein junges Feld mit vielen offenen Fragen. Besonderes Interesse erfährt derzeit das biologische »Rätsel«, wie das Immunsystem zwischen günstigen und ungünstigen Mikroben unterscheidet.[78] Auf Basis unseres Vorwissens erscheint die Hypothese als naheliegend, dass dafür Immunproteine und Rezeptoren zuständig sind, die auf den Immunzellen der Tiere sitzen und molekulare Strukturen von Mikroben erkennen sowie hinsichtlich Gefährlichkeit und Nützlichkeit einordnen können.

Amphibien dürften sich zu weiteren Studienmodellen für die Erforschung des Mikrobioms an menschlichen

Schleimhäuten entwickeln. Die daraus gewonnenen Erkenntnisse könnten uns auch einem besseren Verständnis der Interaktion zwischen unserer Darmschleimhaut und dem dort lebenden Mikrobiom näherbringen, ähnlich wie Entdeckungen an Nesseltieren, Taufliegen und Zebrafischen neue Erkenntnisse in der Humanmedizin und menschlichen Immunbiologie angestoßen haben.

Wie bei den Vögeln führt umweltbedingter Stress auch bei Amphibien über einen Anstieg der Stresshormone Cortisol und Corticosteron aus der Nebennierenrinde zu einer Dämpfung von Immunfunktionen. Dass unterschiedliche Agrochemikalien, darunter das bekannte Herbizid *Roundup*, wildlebende Amphibien schädigen und töten können, ist belegt. Roundup wurde von dem Agrokonzern *Monsanto* entwickelt, der mittlerweile von dem Chemie-, Agrar- und Pharmakonzern *Bayer* übernommen wurde.

Aus ökoimmunologischer Sicht existieren Hinweise, dass solche Agrochemikalien auch die Immunfunktionen der Tiere schädigen und so ihre Mortalität indirekt erhöhen.[79] Beispielsweise hemmen Pestizide bei Amphibien, die damit in Kontakt kommen, die Produktion der eosinophilen Granulozyten.[80] Das sind die bereits erwähnten weißen Blutkörperchen aus der Gruppe der Fresszellen, von denen Forscherinnen und Forscher annehmen, dass sie insbesondere in der Abwehr von potenziellen Krebszellen und bestehenden Tumorzellen eine Rolle spielen. Des Weiteren ist es ökoimmunologisch erwiesen, dass ein erhöhtes Aufkommen natürlicher Fressfeinde der Amphibien ebenfalls über die Ausschüttung von Stresshormonen zu einer Dämpfung der Immunantwort und einer erhöhten Infektionsanfälligkeit führt.[81] Diese Zusammenhänge haben wir uns schon bei den Vögeln genauer angesehen.

Psyche und Immunsystem bei Primaten

Die Primaten – das ist unsere eigene verwandtschaftliche Sippe – stellen in der Zoologie eine Ordnung innerhalb der höheren Säugetiere dar. Sie werden in Feuchtnasenaffen und Trockennasenaffen unterteilt. Zu den Feuchtnasenaffen gehören Tierarten, die im Vergleich zu Menschenaffen relativ wenig mit uns gemeinsam haben: Fingertiere, Makis, Lemuren, Galagos, auch Buschbabys genannt, sowie ähnliche affenartige Spezies. In die Gruppe der Trockennasenaffen ordnet die Zoologie vor allem die Affen im engeren Sinne ein, darunter zum Beispiel die Kapuzineraffen, Klammerschwanzaffen, Makaken, Rhesusaffen, Gibbons sowie die Menschenaffen, also Gorillas, Orang-Utans, Schimpansen und Bonobos sowie unsere eigene Gattung *Homo*, der in der erdgeschichtlichen Gegenwart nur der Mensch angehört.

Die Stammesgeschichte der heutigen Primaten begann vor 68 Millionen Jahren in der Kreidezeit am Ende des Mesozoikums. Zu diesem Zeitpunkt trennte sich die Entwicklungslinie der Feuchtnasenaffen von jener der Trockennasenaffen. Der älteste paläobiologische Nachweis für die Existenz von Vertretern der Gattung *Homo* ist ein fossiler Kinderschädel aus Südafrika, dessen Alter auf zwei Millionen Jahre geschätzt wird. Er stammt aus dem Quartär vom Ende des Känozoikums und wird einem Vertreter der Art *Homo erectus* zugerechnet. Die ältesten Fossilfunde von Überresten der Spezies *Homo sapiens*, des »modernen« Menschen, sind 300 000 Jahre alt.

Wir haben uns in den vorangegangenen Abschnitten über Vögel und Amphibien damit auseinandergesetzt, wie neben Umweltstress auch sozialer Stress die Immunfunktionen von Lebewesen beeinflussen kann: Das passiert über die Ausschüttung von Stresshormonen aus der Nebennierenrinde, die dem Immunsystem Energie abziehen, um diese Energie für eine mögliche Kampf- oder Fluchtsituation einsetzen zu können. Bei den hoch entwickelten Primaten, die über ein besonders weit entwickeltes Gehirn und Zentralnervensystem verfügen und daher ein komplexes psychisches Innenleben haben, sind die Zusammenhänge zwischen dem Nervensystem und der Psyche mit dem Hormon- und Immunsystem noch deutlicher ausgeprägt. Deswegen lassen sich viele Erkenntnisse der *Psychoneuroimmunologie*, die sich vorwiegend mit dem menschlichen Organismus befassen, auch auf andere Primaten übertragen und werden bei Affen erforscht. Die Psychoneuroimmunologie untersucht die gegenseitige Beeinflussung von Psyche, Nervensystem und Immunfunktionen. Mit dieser Ausrichtung steht sie der Ökoimmunologie nahe und überschneidet sich mit dieser.

Studien aus dem Fachbereich der psychosomatischen Medizin an der University of Wisconsin haben ergeben, dass beispielsweise der Verlust von sozialen Verbindungen und Freundschaften das Immunsystem von Affen schwächt. Eine zusammenfassende Publikation der Universität bezeichnet den Verlust von Sozialkontakten als

»signifikantes biopsychologisches Ereignis mit schweren immunologischen Folgen, *insbesondere für junge Affen*«.[82] Sowohl die Trennung von Spielgefährtinnen und Spielgefährten als auch von der Mutter zog immunbiologische Konsequenzen nach sich. Wir sollten unbedingt mit bedenken, dass Erkenntnisse aus der Primatenforschung in hohem Maße auf unsere eigene Spezies übertragbar sind. Wenn also soziale Isolation und die Unterbrechung sozialer Kontakte die Immunsysteme von Primatenkindern schwächen, dann gilt das höchstwahrscheinlich auch für unsere Kinder. Während der Corona-Pandemie etwa hätte auf solche Zusammenhänge bei der Gestaltung von Lockdowns, Schulschließungen und Kontaktbeschränkungen vor allem bei Kindern und Jugendlichen mehr Rücksicht genommen werden sollen.

In den genannten Studien wurde die Schwächung des Immunsystems der Affen nach dem Verlust von Sozialkontakten durch einen Rückgang von Immunzellen wie Fresszellen und Neutrophilen sowie durch eine verschlechterte Funktion der T- und B-Zellen mit herabgesetzter Effizienz von Antikörpern nachgewiesen. Bereits 1987 war die erste vergleichbare Studie durchgeführt worden, die zeigte, dass bei Affenkindern nach der Trennung von ihrer Mutter die Zahl der T- und B-Zellen im Blut über Wochen hinweg absinkt und ihre Antikörperbildung gestört sowie die Infektionsanfälligkeit erhöht ist.[83] Mittlerweile haben die Ökoimmunologie und die Psychoneuroimmunologie verschiedene Mechanismen erforscht, die zu dieser Verbindung zwischen psychischen und sozialen Faktoren mit dem Immunsystem führen.

Das Immunsystem hängt bei Orang-Utans auch von der Qualität ihrer Sozialkontakte ab

Einer der Gründe, weshalb der Zusammenhang zwischen Psyche und Immunsystem bei Säugetieren und speziell bei Primaten im Vergleich zu anderen Tieren so intensiv ausgeprägt ist, ist neurobiologischer Natur. Bei nichtmenschlichen Primaten ist das Nervensystem hoch entwickelt und ebenso komplex wie bei uns Menschen. Dem Netzwerk des Sympathikus und Parasympathikus, von allen Säugetieren bekannt, kommt eine zentrale Rolle bei der Steuerung körperlicher und psychischer Vorgänge zu.

Der *Sympathikus* ist der »Nerv der Erregung«. Er tritt aus dem Gehirn und Rückenmark aus und durchzieht mit seinen verzweigten Nervenbahnen den gesamten Körper. Er ist im Bauchraum, wo er einen Teil des »Bauchhirns« bildet, als neuronales Netzwerk verdichtet. Der Sympathikus ist dafür zuständig, den Organismus in besondere Aufmerksamkeit, Aktivität und Alarmbereitschaft zu versetzen. Seine Aktivität korreliert daher auch mit der Ausschüttung von Stresshormonen wie Cortisol oder Adrenalin. Seine Aufgabe ist die Steuerung möglicher Abwehr-, Flucht- oder Kampfreaktionen in Situationen, die unser unbewusst arbeitender Hirnstamm und das limbische System als bedrohlich wahrnehmen.

Bei Primaten, inklusive uns Menschen, führen Traurigkeit und Depression nachweislich zu einer Stressreaktion, die ebenso wie soziale Belastungssituationen eine Aktivierung des Sympathikus bewirkt.[84] Offensichtlich werten unsere archaischen Gehirnfunktionen psychosoziale Belastungen als Gefahrensituationen und versuchen, uns durch ebenso archaische Methoden daraus zu befreien. In der

Folge zieht der Sympathikus durch seine Aktivität den Organfunktionen, die nicht unmittelbar für Flucht oder Kampf benötigt werden, Energie ab. Von diesem Abzug sind unter anderem die Verdauung und das Immunsystem betroffen. Der Blutzuckerspiegel steigt ebenso wie der Blutdruck.

Der Sympathikus ist grundsätzlich wichtig, da er uns auf besondere Herausforderungen und Bedrohungen im Leben einstellt, für deren Überwindung wir eine gesteigerte Aufmerksamkeit und Reaktionsfähigkeit benötigen. Problematisch wird seine Aktivität erst, wenn sie zu lange anhält oder zu stark wird, was bei dauerhaften sozialen oder psychischen Belastungen der Fall ist. Dem Immunsystem fehlt dann die Energie, um ordnungsgemäß zu arbeiten. Der Zustand der chronischen Stressbelastung tritt ein – mit körperlichen und gesundheitlichen Folgen.

Der Gegenspieler des Sympathikus ist der *Parasympathikus,* der »Nerv der Ruhe und Regeneration«. Auch er tritt aus Gehirn und Rückenmark aus, durchzieht als neuronales Netzwerk den gesamten Körper und verdichtet sich im Bauchraum. Im gesunden, ausgeglichenen Zustand steht er wie Yin und Yang in einem Gleichgewicht mit dem Sympathikus. Auf das Hoch des einen folgt das Hoch des anderen. Während der Stressbelastung ist der Parasympathikus dem Sympathikus jedoch unterlegen. Die Aufgabe des Parasympathikus ist es, die Energien wieder den nicht unmittelbar überlebensnotwendigen Organfunktionen zuzuführen, das Immunsystem und die Verdauung hochzufahren, den Blutzuckerspiegel und den Blutdruck zu senken und so weiter. Außerdem löst seine Aktivität Regenerationsprozesse bis zur Ebene der Organe und Zellen aus.

Beispielsweise konnte der Gesundheitsarchitekt und Gesundheitswissenschaftler Roger S. Ulrich von der Universität Alnarp in Südschweden bereits in den 1980er-Jahren in einer groß angelegten epidemiologischen Analyse von Krankenhausdaten, die in *Science* veröffentlicht wurde, nachweisen, dass der Ausblick aus dem Fenster ins Grüne die körperliche Regeneration von stationären Krankenhauspatientinnen und -patienten unterstützt.[85] In Ulrichs Pionierstudie waren alle untersuchten Personen in standardisierten Krankenzimmern mit identischem Lichteinfall und identischer Ausstattung untergebracht. Alle wurden einer ebenso standardisierten Gallenblasenoperation unterzogen. Die einzige Variable war der Ausblick. Während die Hälfte durch das Fenster nur eine Hauswand sahen, fiel der Blick der anderen 50 Prozent auf eine Grünfläche mit einem Baum. Weder die Versuchspersonen noch das behandelnde Krankenhauspersonal waren zum Zeitpunkt der Hospitalisierung über den Inhalt und die Ausrichtung der Studie informiert.

Das Ergebnis zeigte, dass die Baumgruppe signifikant weniger Schmerzmittel sowie schwächere Wirkstoffe als die Vergleichsgruppe benötigte. Der Prozess der Wundheilung wurde aus ärztlicher Sicht signifikant früher als ausreichend für eine Entlassung beurteilt als bei der Hauswandgruppe. Auch die postoperativen Komplikationen waren bei der Baumgruppe seltener.

Es mag zwar auf den ersten Blick verwunderlich erscheinen, dass allein der Ausblick aus einem Fenster Heilungsvorgänge beschleunigen soll, doch unter Berücksichtigung des Parasympathikus lässt sich dieses Rätsel nachvollziehbar lösen. Wundheilung ist ein Prozess, an dem das Immunsystem beteiligt ist. Die Thrombozyten, also Blutplättchen, führen zur Gerinnung. Immunzellen, allen voran die Riesenfresszellen, reinigen anschließend die Wunde, bauen abgestorbene Zellen und beschädigtes Gewebe ab und bereiten den Nährboden für die Entstehung des neuen Körpergewebes vor. Der Parasympathikus fördert durch seine Aktivität sowohl unsere Immunfunktionen als auch die Zellregeneration.

Dass der Anblick von Grünräumen im Gegensatz zum Anblick urbaner Landschaften den Parasympathikus aktiviert, ist längst keine Hypothese mehr. Diese Tatsache wurde von Roger S. Ulrich begleitend zu seiner Krankenhausstudie experimentell belegt. Der Anblick von Lichtbildern, die Naturlandschaften zeigten, erhöhte in diesem Experiment bei den Versuchspersonen die Alphawellen-Aktivität im Gehirn, die Ruhe und Regeneration im Wachzustand anzeigt. Diese elektromagnetische, neuronale Aktivität ist ein anerkannter Indikator für eine gesteigerte parasympathische Funktion. Eine Vergleichsgruppe, die Aufnahmen von Häuserblöcken und städtischen Straßen vorgespielt bekam, zeigte diese neurologische Reaktion nicht.[86]

Das Wissen, dass soziale und psychische Stresssituationen sowie Traurigkeit und Depression das Verhältnis zwischen Sympathikus und Parasympathikus zugunsten des Sympathikus und zum Nachteil des Parasympathikus verschieben, reicht aus, um zu verstehen, warum daraus auch eine Dämpfung von Immunfunktionen und Regenerationsprozessen folgt – besonders stark ausgeprägt bei

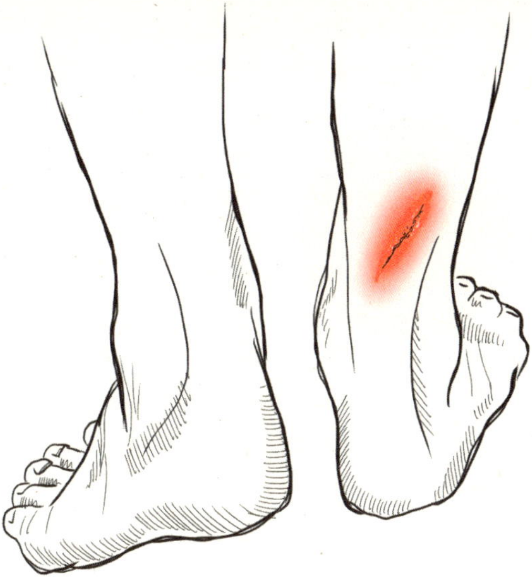

Wundheilung

Affen und uns Menschen, jedoch auch bei anderen Säugetieren feststellbar.

Ein weiteres neurologisches und immunologisches Phänomen bei Primaten ist das *Sickness Behavior*. Dabei handelt es sich um Veränderungen des Verhaltens und psychischen Erlebens während einer Infektion. Das Sickness Behavior ist auch von Bauernhoftieren bekannt. Bäuerinnen und Bauern erkennen am Verhalten ihrer Tiere sofort, wenn diese krank sind, auch wenn äußerlich keine Symptome vorliegen. Bei Primaten ist das Sickness Behavior besonders deutlich ausgeprägt. Infektionen führen zu Lethargie und depressiver Verstimmung, Appetitlosigkeit, Konzentrationsschwierigkeiten, Müdigkeit, Erschöpfung, Motivationslosigkeit bis hin zu Angstgefühlen.

Der evolutionäre Zweck dieser psychischen Veränderungen liegt darin, den Organismus während einer Infektion »ruhigzustellen«, um den Energieverbrauch so weit wie möglich zu reduzieren und alle Energiereserven der Immunaktivität zur Verfügung zu stellen. Die Appetitlosigkeit verhindert, dass zu viel Energie in die Verdauung investiert wird. Außerdem führt die Verfügbarkeit bestimmter Nährstoffe wie Kohlenhydrate und Eisen auch dazu, dass sich Bakterien im Organismus leichter vermehren können. Das Sickness Behavior reduziert die Zufuhr dieser Substanzen. Die Niedergeschlagenheit, die wir genauso wie Affen und andere Tiere während einer Infektion verspüren, ist also kein zufälliges Nebenprodukt der Erkrankung, sondern erfüllt aus ökoimmunologischer und psychoneuroimmunologischer Sicht einen konkreten Zweck.

Das Sickness Behavior wird im Gehirn durch Zytokine ausgelöst, die aufgrund der Anwesenheit von Bakterien, Viren oder bakteriellen Giften gebildet werden. Diese speziellen Zytokine gehören in die Gruppe der Interleukine. Solche Substanzen werden von Immunzellen aktiviert, die im Körper auf Erreger gestoßen sind, vor allem von Riesenfresszellen und Monozyten. Mit diesen Abwehrzellen haben wir uns im zweiten Buchteil schon ausführlich auseinandergesetzt. Insbesondere Interleukin-1 führt zur Entstehung von Sickness Behavior.[87] Bei diesem Phänomen werden nicht Immunfunktionen durch die Psyche beeinflusst, sondern es werden umgekehrt die Psyche und das Verhalten durch das Immunsystem verändert.

Erinnern wir uns zurück an den Beginn unserer Naturgeschichte des Immunsystems. Als wir uns im ersten Buchteil mit den Immunfunktionen der Algen befassten, wandten wir uns kurz den Terpenen zu – jener großen Gruppe der sekundären Pflanzenstoffe, die im pflanzlichen Sozialleben eine wichtige Rolle spielen. Ich habe geschildert, wie Algen über chemische Stoffe, die sie ins Wasser abgeben, Informationen über Krankheitserreger untereinander austauschen. Die Terpene dienen ihnen dabei als bedeutungstragende Botenstoffe, ähnlich wie unsere Wörter. Die gesamte Pflanzenwelt nutzt diese Strategie, um Lebensräume durch biologische Kommunikation und Kooperation zu schützen. So entsteht eine Art kollektives Immunsystem auf ökosystemischer Ebene, das ein faszinierender Gegenstand ökoimmunologischer Forschung ist.

Im Ökosystem Wald tauschen Bäume und andere Pflanzen ebenfalls Botschaften untereinander aus. Sie haben evolutionär gelernt, aus Pflanzenstoffen in der Luft, im Boden und im Wasser abzulesen, was sich in ihrem Lebensraum tut. Terpene übernehmen dabei unterschiedliche Funktionen. Einerseits sind sie Abwehrstoffe des pflanzlichen Immunsystems. Sie werden gegen Bakterien, Parasiten und Fressfeinde eingesetzt. Mithilfe von Terpenen töten manche Pflanzen sogar Konkurrenten ab, die mit ihnen um Licht oder Nährstoffe kämpfen. Dieses Phänomen nennt man *Allelopathie* – die Vergiftung der »Anderen«. Wie bei uns Menschen ist auch das pflanzliche Sozialleben eben nicht immer nur freundlich und kooperativ.

Pflanzen kommunizieren untereinander, um ihr gemeinsames Ökosystem zu schützen

Ein besonders aromatisches Terpen ist das *Pinen* aus Nadelbäumen. Vor allem die Gattung *Pinus,* das ist die Sippe der Kiefern, enthält hohe Mengen dieser Substanz, die daher auch nach dieser Baumgattung benannt wurde. In Wäldern Mitteleuropas treffen wir häufig auf die Waldkiefer, in Österreich auch Rotföhre genannt. Die mediterranen Küstenwälder werden von Pinien dominiert. Eine weitere Vertreterin dieser Gattung ist die Zirbelkiefer, die in alpinen Regionen in Österreich und der Schweiz bis nach Südwestfrankreich sowie in den Karpaten heimisch ist. Das Pinen durchdringt ihre Zapfen, quillt regelrecht aus ihnen heraus, und befindet sich in den Nadeln, in der Rinde und in den Wurzeln. Das Harz ist besonders stark damit angereichert. Die Substanz verleiht der Kiefer ihren typischen Geruch. Wie alle Terpene ist das Pinen der wichtigste Bestandteil eines ätherischen Öls – in diesem Fall des Kiefernöls. Die Kiefern und Tannen enthalten ähnliche Terpene in hohen Mengen. Dort dominieren allerdings die Limonene. Auch Laubbäume, kurzum die ganze Pflanzenwelt, beinhalten Terpene, auch wenn deren Duft nicht immer so intensiv wie bei den Nadelbäumen ist.

Viele dieser Terpene dienen, wie das Pinen, als Abwehrstoffe des pflanzlichen Immunsystems. Immunaktive Terpene werden auch als *Phytonzide* bezeichnet. Wird ein Baum oder eine andere Pflanze von einem Schädling angegriffen – zum Beispiel von Borkenkäfern oder bakteriellen Erregern –, reagiert das pflanzliche Immunsystem mit einer Steigerung der Terpenproduktion als unmittelbare Abwehrreaktion. Dabei werden die Substanzen auch an die Umwelt abgegeben. Sie verdampfen und gehen in den gasförmigen Zustand über, sodass sie sich im Ökosystem Wald verteilen. Darauf reagieren dann – ähnlich wie die Algen – andere Gewächse aus dem komplexen Lebensraum.

Die Pflanzen haben evolutionär gelernt, aus der chemischen Beschaffenheit und Konzentration der Terpene abzuleiten, welche Art von Schädling in ihr Reich eingedrungen und wie stark der Angriff der Schädlingsarmee ist. Daraufhin aktivieren sie vorsorglich und gezielt ihre eigenen Abwehrkräfte – und alarmieren ihrerseits ebenfalls die Nachbarschaft. Die Botschaft verbreitet sich auf diesem Weg im ganzen Wald, und die Pflanzen schützen ihr Ökosystem auf kooperative Weise und mit vereinten Kräften vor der Zerstörung.

In gewisser Weise könnte man diese Vorgänge als »Immunsystem des Waldes« betrachten, denn es handelt sich um Abwehrkräfte auf der ökosystemischen Ebene – eine Art Immunsystem eines »Superorganismus«. Auf die Terpene, die diese Vorgänge ermöglichen, werde ich noch zu sprechen kommen. Denn sie sind auch für unser eigenes Immunsystem von Relevanz.

Nun wenden wir uns wieder exklusiv dem menschlichen Immunsystem zu.

KAPITEL 8

Ökosystem Mensch – Wie Umwelteinflüsse unser Immunsystem schwächen oder stärken

Die Ökoimmunologie betrachtet Lebewesen aus zwei unterschiedlichen Blickwinkeln. Wir können die *äußere* von der *inneren* Ökoimmunologie unterscheiden. Die erste befasst sich mit Umwelteinflüssen auf das Immunsystem, die von außen kommen und sowohl negativ als auch positiv sein können. Die Immunfunktionen von Menschen, Tieren und Pflanzen werden dabei im Verhältnis zum Lebensraum, zur Außenwelt untersucht. Welche Umweltfaktoren unterstützen unsere Immunfunktionen? Welche schwächen hingegen unsere Abwehrkräfte und machen uns anfälliger für Infektionen und andere Krankheiten? Aus Sicht der äußeren Ökoimmunologie werden Lebewesen *im* Ökosystem verortet. Wir haben uns bereits mit Beispielen für Forschungsfragen der äußeren Ökoimmunologie beschäftigt. Dazu gehören zum Beispiel der Einfluss des Brutplatzes auf das Immunsystem der Vögel, die Auswirkungen des Klimawandels auf neue Krankheitserreger in der Arktis und das Immunsystem der Eisbären oder die schädigende Wirkung von Pestiziden auf die Immunzellen der Amphibien.

Demgegenüber betrachtet die innere Ökoimmunologie den Organismus selbst *als* Ökosystem. Sie behält die Wechselwirkungen zwischen verschiedenen Organen und dem Immunsystem im Fokus und erforscht die Funktion von Symbionten in oder auf dem Körper, beispielsweise das Mikrobiom des menschlichen Darms, die mikrobielle Besiedelung der Verdauungshöhle von Quallen oder die Zusammensetzung des Mikrobioms der Haut bei Menschen und Tieren. In diesen Bereich der Ökoimmunologie gehört auch die Wissenschaft von den Verbindungen zwischen Ernährung, Psyche, Nervensystem und Immunsystem. Mit der inneren Ökoimmunologie werden wir uns im neunten Kapitel auseinandersetzen. Zuerst stehen die äußeren ökoimmunologischen Aspekte, also die klassischen Umwelteinflüsse, im Vordergrund.

Wir haben keine Außengrenzen

Die Ökologie weist seit vielen Jahren auf die zunehmende Gesundheitsbelastung durch Umwelteinflüsse hin. Als komplexe Beziehungswissenschaft, die erforscht, wie alles mit allem zusammenhängt, ist sie anderen, sogenannten *reduktionistischen* Forschungsansätzen, die sich mit Ausschnitten der Wirklichkeit befassen, ein gutes Stück voraus, wenn es darum geht, Detailwissen zu einem größeren Bild zusammenzusetzen und verschiedene Wissensbereiche miteinander zu vernetzen. Um zu verstehen, wie Umwelteinflüsse unsere Gesundheit schädigen, ist dieses vernetzte Denken entscheidend.

Schon Jakob Johann von Uexküll, ein Biologe und Philosoph, der von 1864 bis 1944 lebte, erkannte, dass kein

Lebewesen eine klare Außengrenze hat. Der Organismus der Pflanze endet nicht an der Epidermis oder Cuticula. Der Begriff *Epidermis* ist vielen Menschen im Zusammenhang mit Pflanzen neu, aber tatsächlich haben auch Pflanzen eine Epidermis – eine äußerste Zellschicht –, die von einer Wachsschicht überzogen ist, genannt Cuticula. Diese entspricht unserer eigenen Hautschutzbarriere, die auch bei uns über der Epidermis liegt und aus Fetten besteht, vor allem aus Ceramiden, die dem Wachs ähneln. Auf der menschlichen Epidermis, ebenso wie auf der pflanzlichen oder tierischen, leben Mikroben. Sie sind bereits im sogenannten »Außen« angesiedelt, stellen eigenständige Lebensformen dar, übernehmen jedoch Funktionen unseres Organismus. Im Falle der Mikroben auf der Epidermis bei Menschen, Tieren und Pflanzen ist das vor allem eine Schutzfunktion. Dabei sollen schädliche Umwelteinflüsse und Pathogene, die mit unserer Haut in Kontakt kommen, abgewehrt werden können.

Durch ihre Schutzfunktion sind die Mikroben Teil unserer *Physiologie*, also der biologischen Lebensabläufe unseres Organismus. Allein schon dieser Zusammenhang macht deutlich: Pflanzen, Tiere und wir Menschen besitzen keine klaren körperlichen Außengrenzen. Unsere Körperfunktionen gehen fließend in die Umwelt »über«.

Hinzukommt, dass wir in einem intensiven stofflichen und funktionellen Austausch mit der Umwelt stehen. Wir geben Atemluft, Feuchtigkeit, bioaktive Substanzen und auch Pheromone ab, von denen beispielsweise nachgewiesen wurde, dass sie im Gehirn potenzieller Sexualpartnerinnen und -partner nicht nur den Riechsinn, sondern darüber hinaus den Hypothalamus stark aktivieren. Dieser steuert sexuelles Verhalten und hat Zugriff auf die Hirnanhangdrüse, die unser Hormonsystem beeinflusst. Das Beispiel zeigt, wie bioaktive Substanzen, die wir aus der Umgebung in uns aufnehmen, unsere körperlichen Funktionen und psychischen Empfindungen mitgestalten.

Vermittler zwischen den äußeren Reizen und unseren inneren Abläufen sind dabei das Hormon- und Nervensystem – beide evolutionär eng an das Immunsystem geknüpft, wie wir schon aus der Betrachtung der Quallen, Korallen oder Manteltiere wissen. So, wie die Blüte durch Pheromone die Insekten anlockt, die sie bestäuben sollen, oder wie Pilze unterirdisch ihren Geschlechtszellen durch die Abgabe von Terpenen den Weg zueinander weisen, kommunizieren auch Menschen und Tiere auf einer unbewussten, biochemischen Ebene mit Artgenossen und anderen Lebensformen. Diese »chemischen Wörter« verbinden uns funktionell mit der Umwelt und – umgekehrt – diese mit uns.

Ökoimmunologisch ist der funktionelle Stoffaustausch hinsichtlich der Auswirkungen auf unsere Gesundheit von besonderem Interesse. Umwelt dringt in uns ein, durchdringt uns, so wie wir selbst *in* ihr sind und sie beeinflussen. Wir atmen sie in uns ein, nehmen sie über Haut, Schleimhäute und Nahrungsmittel auf. Sie diffundiert in unsere Gewebe, formt und beeinflusst unsere Organe und physiologischen Lebensäußerungen. Jakob Johann von Uexküll erkannte das schon im 19. Jahrhundert. Wir haben keine Außengrenzen. Keine andere Erkenntnis ist für das Verständnis der Ökoimmunologie so elementar wie diese.

Wird im Jahr 2050 in unseren Städten der Himmel rot glühen und der Aufenthalt im Freien nur mehr mit Atemschutzmaske möglich sein? Werden die Zugvögel tot vom sich verdunkelnden Himmel fallen, wenn sie über Berlin, Wien oder Zürich fliegen? Wird der warme Golfstrom versiegen und den Nordwesten Europas erkalten, die Landschaft ergrauen lassen? Werden in München, Graz und Bern die Palmen wachsen, während unsere Äcker jedes zweite Jahr von Dürre verwüstet, die Menschen in Europa von Hungersnöten heimgesucht werden?

Umweltschutz wird häufig mit alarmierenden Katastrophenbildern untermalt, die Szenarien einer »giftigen« Zukunft zeichnen. Für manche Umweltschützerinnen und Umweltschützer scheint Überzeichnung ein attraktives Stilmittel zu sein, um Aufmerksamkeit für wichtige ökologische Themen zu erzeugen. Allerdings kann diese kommunikative Methodik dem eigentlichen Ziel, Bewusstsein für ökologische Probleme zu schaffen, auch abträglich sein. Denn viele Menschen werten derartige Zukunftsszenarien als Alarmismus. Treten die katastrophenartigen Zustände dann nicht ein, besteht die Gefahr, dass ökologische Probleme und Warnungen prinzipiell in ihrer Bedeutung verkannt werden.

Tatsächlich kann niemand genau sagen, wie unsere Umwelt in 50 oder 100 Jahren aussehen wird. Viel wichtiger wäre es, zu vermitteln, dass wir schon *jetzt* in einer umfassenden *Biodiversitätskrise* stecken. Die Vielfalt der Natur und der Arten sowie die komplexen ökologischen Gefüge

und Regelkreise unseres Planeten sind bereits stark in Mitleidenschaft gezogen. Wir müssen uns bewusst machen, dass die Gesundheit von Menschen, Tieren und Ökosystemen unter der Biodiversitäts- und Umweltkrise leidet. Eine filmreife Katastrophenstimmung muss sich daraus auch in Zukunft nicht ergeben, aber die ist auch nicht nötig, um mehr ökologisches Handeln zu fordern.

Ich habe als Beispiel für ökoimmunologische Folgen von Umweltveränderungen bereits die neuartigen Infektionskrankheiten der Eisbären genannt: Durch das Abschmelzen der Arktis dringen Krankheitserreger in den hohen Norden vor und überfordern das Immunsystem der dort lebenden Eisbären, da diese mit den plötzlich auftretenden Erregern in keinem naturgeschichtlichen Gleichgewicht stehen. Das schadet der Gesundheit der betroffenen Bärenpopulationen. Solche Beispiele lassen sich auch auf uns Menschen übertragen.

Klimatische Veränderungen werden unter anderem durch die Versiegelung von Flächen und Ballungsräumen verursacht, die sich dann im Sommer aufheizen und zu »Wärmeinseln« werden. Auch die Belastung der Atmosphäre mit Gasen wie Kohlendioxid, Stickoxiden und Methan wirkt sich negativ aufs Klima und damit auf unsere Gesundheit aus. In Mitteleuropa verstärken die erhöhten Temperaturen zum Beispiel die Aktivität von Milben, die Krankheiten übertragen. Außerdem dringen diese Zwischenwirte weiter nach Norden vor. Zecken etwa, Überträger der bakteriellen Borreliose und der durch Viren ausgelösten Gehirnhautentzündung FSME, gehören zu den Milben und sind auf dem Vormarsch in nördliche geographische Breiten. Während bis vor einigen Jahren vorwiegend der Alpenraum und Süddeutschland als Risikogebiet für FSME galten, reichen diese Zonen inzwischen im Osten Deutschlands bis Dresden und im Westen bis Frankfurt. Die Zwischenwirte, also die Zecken, werden auch schon in Norddeutschland in freier Wildbahn nachgewiesen, wo sie bis vor einigen Jahren nicht vorkamen. FSME-Fälle treten vereinzelt bis an die Ostseeküste auf. Der Landkreis Emsland in Niedersachsen an der niederländischen Grenze gilt mittlerweile sogar als eines der Hauptverbreitungsgebiete der Zecken und als Risikogebiet für FSME.[88] Grund dafür sind klimatische Veränderungen mit einer Verlängerung der Wärmeperiode und zunehmend feuchter Witterung in Mitteleuropa. Die WHO prognostiziert sogar ein weiteres Vordringen der Zecken nach Nordeuropa.[89]

Beim Beispiel der Zecken handelt es sich um einen bekannten Zwischenwirt für ein bekanntes Virus, der die Grenzen seiner geographischen Verbreitung sprengt. Bricht ein Erreger jedoch aus seinem naturgeschichtlichen Kontext aus und verwandelt sich in eine neue Variante, können die Folgen schwerwiegender sein. Dann nämlich entstehen die bereits erwähnten Zoonosen, also von Tieren stammende Infektionskrankheiten, die auf den Menschen überspringen. Auch damit befassen sich die Forschenden der Ökoimmunologie und ökologischen Epidemiologie. Das Retrovirus HIV, ein RNA-Virus, sprang vermutlich in zentralafrikanischen Regenwäldern bei der Schimpansenjagd oder beim anschließenden Zerlegen und Verzehr des Fleisches aus dem Blut der Primaten auf Menschen über und löste ab den frühen 1980er-Jahren die AIDS-Pandemie aus.[90]

Eine andere bekannte virale Zoonose ist Ebola. Das zu den RNA-Viren zählende Filovirus, das diese schwere und bei mehr als jedem zweiten infizierten Menschen zum Tod führende Infektion verursacht, steht in einer naturgeschichtlichen Co-Evolution mit Fledertieren, also Fledermäusen und Flughunden. Im Jahr 2017 belegte eine ökologisch-epidemiologische Studie durch komplexe Analysen mit Satellitenbildern, Luftaufnahmen und epidemiologischen Daten, dass Ebola-Epidemien in Zentral- und Westafrika vor allem zwischen 2006 und 2014 durch Waldrodungen und Eingriffe in die Biodiversität der Regenwälder verursacht wurden.[91]

Für diese Eingriffe in die Natur waren neben amerikanischen und chinesischen auch europäische Agrokonzerne mit verantwortlich. Durch die Zerstückelung der Lebensräume und die Zerstörung der Nahrungsgrundlage der Fledertiere wurden deren Populationsstrukturen durcheinandergebracht. Unterschiedliche Spezies dieser Tiere kamen einander näher als üblicherweise, teilten Schlafhöhlen miteinander und begegneten sich auf der Suche nach Nahrung, die sie – vom Hunger getrieben – bis in menschliche Siedlungen trieb. Aufgrund dieser Störfaktoren steckten sich unterschiedliche Arten und Gattungen gegenseitig mit Filoviren an, sodass diese auf Immunsysteme trafen, die in keinem naturgeschichtlichen Gleichgewicht mit den Erregern standen. Die angesteckten Tiere – jetzt auch infektiöser als zuvor – stellten »Brutstätten« für neue, virulentere Varianten dar. Durch die Nahrungssuche in menschlichen Siedlungen kamen schließlich Kinder, so die plausible Theorie, mit den Tieren in unnatürlich engen Kontakt. Außerdem kamen Jägerinnen und Jäger mit dem Blut der Tiere in Berührung. Wissenschaftlich besteht kein Zweifel mehr daran, dass diese Kette aus verhängnisvollen Störungen der Biodiversität in Afrika zum Ausbruch verheerender Ebola-Epidemien geführt hat und weiterhin führen wird.

Eine landschaftsökologische Studie, die 2020 in dem renommierten Journal *Landscape Ecology* veröffentlicht wurde, identifizierte Eingriffe in die natürlichen Lebensräume und Landschaftsökosysteme als eine wesentliche Ursache für Epidemien in tropischen Regionen der Erde und als eine der größten epidemiologischen Gesundheitsgefahren der Zukunft, sofern wir durch unsere Wirtschaftsweise nicht aufhören, Lebensräume auszubeuten und zu degradieren.[92]

Die Ökoimmunologie wendet sich neben epidemiologischen Fragen auch anderen Themen zu, in denen das Immunsystem durch Umweltfaktoren geschädigt wird. Ein aktuelles Forschungsthema ist Nano- und Mikroplastik. Unsere Überproduktion von nicht-kompostierbarem Plastik hat bereits dazu geführt, dass Nano- und Mikroplastik in allen Lebensräumen der Erde nachweisbar ist, selbst in abgelegenen Gebirgsregionen oder auf einsamen Inseln. Die globale Verteilung dieser Partikel über die Meere, Gewässer und Atmosphäre ist nicht vermeidbar. Eine Studie aus 2020 hat gezeigt, dass nicht nur Tiere, sondern auch wir Menschen Nano- und Mikroplastik über die Nahrung aufnehmen und dadurch unsere Immunfunktionen geschädigt werden.[93]

In unserem Darm lösen die Partikel Entzündungen aus und führen zu oxidativem Stress, bei dem krebserregende *freie Radikale* entstehen. Die Durchlässigkeit der Darmschleimhaut verschlechtert sich durch Nano- und Mikroplastik, sodass unser empfindliches Darmökosystem gestört wird. Das passiert folgendermaßen: Schädliche Bakterien vermehren sich an der Oberfläche der Plastikpartikel, was zu einer verstärkten Bildung bakterieller Giftstoffe in unserem Verdauungstrakt führt und die nützlichen Darmsymbionten zurückdrängt. Ähnliches passiert bei Amphibien: Hier beeinträchtigen Pestizide das Mikrobiom der Schleimhäute und machen die Tiere anfälliger für tödliche Pilzinfektionen. Diese komplexen ökoimmunologischen Zusammenhänge werden erst nach und nach entdeckt. Mit Fortschreiten der Wissenschaft wird allmählich deutlich, wie schwer sich unser umweltschädigender, auf ökonomischen Gewinn ausgelegter Umgang mit der Erde und der Biodiversität auf unsere eigene Gesundheit auswirkt. Unsere »Umweltsünden« fallen auf uns zurück, da wir selbst in einem untrennbaren naturgeschichtlich entstandenen Wechselspiel mit unseren Lebensräumen stehen.

Ein weiteres Beispiel: Feinstaub dringt in unsere Immunzellen ein und zerstört diese. Vor allem die Riesenfresszellen in unseren Atemwegen sind dem Feinstaub aus der Atemluft ausgeliefert. Die gefährlichste Form des Feinstaubs ist der metallische Abrieb von Autobremsen, der sich tief in unsere Zellen bohrt und ihre Immunfunktion schädigt. Beispielsweise büßen unsere Immunzellen durch die Einwirkung von Feinstaub ihre Fähigkeit ein, Zytokine wie Interleukin-6 oder Beta-Interferon abzugeben, mit denen sie andere Immunfunktionen aktivieren und weitere

Mitstreiter anlocken, etwa die wichtigen T-Zellen unseres erworbenen Immunsystems. Schon lange ist bekannt, dass der Verlauf von Lungeninfektionen signifikant von der Qualität der Atemluft abhängt. Hohe Feinstaubbelastung führt zu mehr schweren Infektionsverläufen.[94]

Auch unsere körpereigene Krebsabwehr ist ein ökoimmunologisches Forschungsthema. Mehrere Studien der israelischen Universität Haifa haben belegt, dass Lichtverschmutzung das Risiko einer Krebserkrankung erhöht, wenn Menschen diesem Störfaktor längerfristig ausgesetzt sind.[95] Dieser Zusammenhang lässt sich dadurch erklären, dass abendliche und nächtliche Lichtverschmutzung unseren Melatonin-Haushalt durcheinanderbringt. Dieses in der Zirbeldrüse gebildete Hormon steuert nicht nur unseren Tag-Nacht-Rhythmus, sondern auch die nächtliche Zellregeneration. Besonders nachts ist unser Immunsystem damit beschäftigt, potenzielle Krebszellen aufzuspüren und zu eliminieren. Ein durch Umweltfaktoren gestörter Melatonin-Haushalt führt dazu, dass dieser Prozess der Gesunderhaltung weniger effizient als unter natürlichen Bedingungen abläuft.

Um die Bedeutung ökoimmunologischer Forschungsergebnisse zu verstehen, ist einmal mehr die Vernetzung von Einzelerkenntnissen nötig. Krankheit und Gesundheit sind multifaktoriell, das heißt, sie entstehen aus einem Zusammenspiel unterschiedlicher Einflüsse. Ökoimmunologie bedeutet, Umwelteinflüsse in Summe zu verstehen – von der schwindenden Biodiversität über die Auswirkungen von Umweltbelastungen wie Schadstoffen, Feinstaub und Mikroplastik bis hin zur Lichtverschmutzung. Derartige Umweltfaktoren stören das naturgeschichtliche Gleichgewicht zwischen unserem Organismus und unseren Lebensräumen. Daher bringt ein kranker Planet auch kranke Menschen hervor. Und das ist keineswegs ein alarmistisches Zukunftsszenario, sondern eine nachgewiesene ökoimmunologische Realität im Hier und Jetzt.

Gesunder Planet – gesunde Menschen

Auch der Umkehrschluss trifft zu: Auf einer gesunden Erde mit intakten Lebensräumen leben mehr gesunde Menschen. Bedenken wir, dass unser Immunsystem eine naturgeschichtliche Entwicklung hinter sich hat, die Hunderte Jahrmillionen dauerte und auf biologische Errungenschaften der Amöben, Quallen, Manteltiere, Fische, Trockennasenaffen und anderer Pioniere zurückgeht. Wie bei diesen Tierformen steht auch unser eigenes Immunsystem in einem engen Austausch mit der Umwelt und stellt ein evolutionär erprobtes Umwelt-Anpassungs-System dar, das zwischen Selbst und Nicht-Selbst, Freund und Feind, Nützlichem und Schädlichem unterscheidet. Nützliches wird angenommen und gefördert, Schädliches abgewehrt – das Prinzip ist uns schon bekannt. Dabei hat sich ein naturgeschichtliches Gleichgewicht zwischen unserem Organismus und unserer artgemäßen Umwelt entwickelt. In anderen Worten: Unser Immunsystem ist mit äußeren Einflüssen aus unseren Lebensräumen vertraut. Diese Vertrautheit betrifft unsere *evolutionären* Lebensräume, in denen sich die Menschheitsentwicklung abgespielt hat. Dazu zählen weder Großstädte noch Agrarwüsten. Unsere evolutionären Lebensräume sind Wälder, Savannen, Steppen und andere Naturräume.

Jeder Mensch verfügt über eine innere Sensorik für gesunde und kranke Lebensräume, ähnlich wie die Vögel beim Nestbau. Daher spüren wir, so wie jede Tierart, auf der intuitiven Ebene, ob ein Ökosystem zerstört, degradiert und biologisch verarmt oder intakt, funktionsfähig und vielfältig ist.

Diese Intuition können Sie ganz einfach selbst überprüfen. Schließen Sie die Augen und stellen Sie sich eine verwüstete, gerodete, qualmende Regenwaldfläche oder eine durch Beton versiegelte Stadtlandschaft vor. Im Anschluss imaginieren Sie dann einen ruhig plätschernden Waldbach, bewachsen von Farn und Moos, umrankt von Beerensträuchern. Die Empfindungen und Gefühle, die mit diesen gegensätzlichen Vorstellungen verbunden sind, unterscheiden sich bei den meisten Menschen gravierend voneinander. Degradierte Naturlandschaften können sogar Gefühle der Traurigkeit und Depression auslösen. Was wir dabei spüren, ist nichts anderes als unser inneres, naturgeschichtlich geschultes Warnsystem, das uns davon abhalten möchte, uns in Lebensräumen niederzulassen, die für unsere Spezies nicht artgerecht sind. Das Wissen über gesunde und kranke Lebensräume ist tief in unserem Hirnstamm, auch als »Reptiliengehirn« bezeichnet, sowie im limbischen System abgespeichert. Es ist ein stammesgeschichtliches Menschheitserbe.

Auch wissenschaftlich wurden diese Unterschiede in der Wahrnehmung verschiedener Umweltqualitäten bereits untersucht. An der Universität Edinburgh fanden nach dem Vorbild Roger Ulrichs, der in den 1980er-Jahren als Erster die neurobiologische Wirkung des Anblicks von Grünräumen erforschte, mehrere Experimente mit modernen EEG-Geräten statt. Diese sogenannten *Elektroenzephalographen* zeichnen die elektromagnetische Tätigkeit des Gehirns auf. Eine Analyse der dabei entstehenden Wellenmuster erlaubt Rückschlüsse auf neurologische Abläufe und Zustände in unserem Organismus.

Die schottischen Wissenschaftlerinnen und Wissenschaftler stellten wie Ulrich fest, dass die Betrachtung von Lichtbildern, auf denen Naturräume zu sehen waren, die Alpha-Wellen-Aktivität erhöht – also unseren Organismus neurobiologisch auf Regeneration im Wachzustand einstellt. Die Analyse der EEG-Aufzeichnungen durch moderne Computerprogramme zeigte deutliche Hinweise für eine Aktivierung des Parasympathikus und einen neurobiologischen Zustand der regenerativen Entspannung. Demgegenüber ergab die EEG-Analyse bei Versuchspersonen, die Stadtszenen ohne Grünräume betrachteten, dass dieser Anblick eher eine leichte Stressreaktion im Gehirn und eine Aktivierung des Sympathikus, des Nervs der Erregung, verursachte. Jedenfalls zeigten urbane Impressionen im Gegensatz zu Naturimpressionen keine entspannende und regenerative Wirkung.[96]

Zugleich stieg in diesen Experimenten bei der Naturraumgruppe die Herzratenvariabilität (HRV) an, aber nicht bei der Vergleichsgruppe. Dabei handelt es sich um einen zusätzlichen Parameter, der Rückschlüsse auf neurologische Aktivitäten erlaubt. Eine hohe Herzratenvariabilität bedeutet, dass unser Herz ausgeglichen, also auf gesunde Art und Weise schlägt. Die Abstände zwischen den einzelnen Schlägen sind dann nicht immer gleich lang. Ein gesundes Herz schlägt nicht wie ein Metronom oder Taktstock, sondern dynamisch in einer ständigen Anpassung an den jeweiligen Moment und seine Bedürfnisse. Gedanken, Empfindungen, visuelle und akustische Eindrücke von außen, Gerüche sowie unsere Bewegungen lassen unser Herz immer wieder schneller oder langsamer schlagen. Diese Variabilität der Herzrate fördert die Gesundheit. Nur das gestresste oder kranke Herz schlägt monoton und mit geringer Herzratenvariabilität. Die hohe Herzratenvariabilität, die in dem Experiment mit den Naturaufnahmen festgestellt wurde, sichert die Ergebnisse der EEG-Messungen zusätzlich ab. Denn die Herzrate wird maßgeblich durch Sympathikus und Parasympathikus beeinflusst. Eine Erhöhung der Herzratenvariabilität weist auf einen Rückgang der Aktivität des eher mit Stresssituationen assoziierten Sympathikus hin, sodass der regenerative Parasympathikus in den Vordergrund tritt. Sympathikus und Parasympathikus haben wir im Abschnitt über Primaten bereits beleuchtet.

Eine weitere Studie aus Südkorea bestätigte die Befunde der schottischen Experimente durch ähnliche neurologische Ergebnisse, die mittels funktioneller Magnetresonanztomographie (fMRT) gewonnen wurden. Dabei werden das Gehirn und seine Erregungszustände plastisch dargestellt. Die im bildgebenden Verfahren sichtbaren Erregungsmuster des Gehirns deuteten ebenfalls auf eine stresslösende und regenerative Wirkung von Naturaufnahmen mit Aktivierung des Parasympathikus hin.[97] Da dieser, wie wir wissen, dem Immunsystem Energie zuführt, sind allein schon diese Erkenntnisse ökoimmunologisch relevant.

In der südkoreanischen Studie wiesen die Probandinnen und Probanden, die sich während der Liegezeit im Magnetresonanztomographen urbane Szenen ohne Naturelemente ansahen, neuronale Aktivitäten auf, die von den Forschenden als Stressreaktionen interpretiert wurden. Interessant ist, dass Stadtszenen auch Gehirnregionen aktivierten, die für die Erkennung und Zuordnung von Gefahren zuständig sind und unseren Organismus in Alarmbereitschaft versetzen. Diese Bereiche des Gehirns ziehen dem Immunsystem gemeinsam mit dem Sympathikus Energie für mögliche Flucht- und Kampfreaktionen ab, bewirken also das Gegenteil der Naturszenen.

Diese Erkenntnisse verdeutlichen, dass sich die Ökoimmunologie auch mit der Wirkung von nicht-stofflichen Umwelteinflüssen und Umweltreizen auf unser Immunsystem und unsere Gesundheit befasst. Im Zentrum dieser Wissenschaft stehen aber die stofflichen Umwelteinflüsse, die unsere Gesundheit schützen. Das sind bioaktive Substanzen und messbare Inhaltsstoffe aus Luft, Böden und Gewässern.

Für einiges Aufsehen sorgte eine 2010 veröffentlichte klinische Studie der Paracelsus Medizinischen Privatuniversität Salzburg. Diese kam zu dem Ergebnis, dass sich das Mikroklima im Nahbereich von Wasserfällen günstig auf den Verlauf von Asthma auswirkt. Asthmakranke Stadtkinder wurden für drei Wochen auf Kur zu den Krimmler Wasserfällen in Österreich geschickt. Die Wasserfälle haben eine Fallhöhe von 380 Metern und verfrachten jeden Tag

Substanzen von Wasserfällen fördern die Abwehrfunktion unserer Flimmerhärchen

500 Millionen Liter Wasser, also 500 000 Kubikmeter, ins Tal. In ganz Europa gibt es keinen größeren Wasserfall. Die Kinder spielten während dieser drei Wochen jeden Tag im Nahbereich der Wasserfälle, wo die Luftfeuchtigkeit hoch ist. Nach der Kur wurde ein 40-prozentiger Rückgang der klinischen Symptome und Entzündungsparameter festgestellt. Außerdem verbesserten sich die Lungenfunktion und das Lungenvolumen. Danach dauerte es vier Monate, bis die Symptome wieder ihr ursprüngliches Niveau erreicht hatten.[98]

Die Wissenschaftler führten diese Wirkung auf die hohe Konzentration an negativ geladenen Sauerstoffteilchen, sogenannten *Anionen*, zurück, die im Nahbereich von Wasserfällen in hohen Konzentrationen messbar sind. Im Falle der Krimmler Wasserfälle befinden sich je nach Wetterlage 30 000 bis 70 000 solcher Teilchen in jedem Kubikzentimeter Luft. An Spitzentagen können es ausnahmsweise bis zu 300 000 sein. Sie entstehen durch die elektrische Reibung des herabstürzenden Wassers am Untergrund. Diese Kraft wird als »Wasserfallelektrizität« bezeichnet. Nach ihrer Entstehung verbinden sich die Anionen mit feinsten Wasserpartikeln, die in der Luft schweben, zu einem *Elektroaerosol*. Diese Teilchen schweben wie Nebel in der Luft, sodass man sie sehen kann. Im landschaftsökologischen Fachjargon wird dieser »Schleier« aus Aerosolen, in den man regelrecht eintauchen kann, als *Wasserfallplasma* bezeichnet.

Den positiven Einfluss dieser Elektroaerosole auf Asthmapatienten erklärten die Studienautoren folgendermaßen: Die geladenen Teilchen geben bei Kontakt zu unseren Schleimhäuten ihre negative Ladung ab. Das beschleunigt die Bewegung der Flimmerhärchen und verstärkt deren reinigende Funktion. Die Elektroaerosole befeuchten gleichzeitig unsere Schleimhäute und wirken sich dadurch bekanntermaßen günstig auf den Verlauf von Atemwegserkrankungen aus. Elektroaerosole unterstützen damit die ersten Abwehrmechanismen unseres Immunsystems in den Atemwegen. Flimmerhärchen und Schleimhautbarriere verhindern das Eindringen von Feinstaub und Schadstoffen sowie von Viren und Bakterien in unseren

Organismus. Je besser dieses frühe Abwehrsystem funktioniert, desto geringer ist die Gefahr, bei Kontakt zu Pathogenen zu erkranken. Auch unsere Riesenfresszellen arbeiten auf einer gut gereinigten und ausreichend befeuchteten Schleimhaut besser als auf einer schadstoffbelasteten und zu trockenen.

Eine ähnliche Wirkung wurde in der genannten Studie bei asthmakranken Kindern festgestellt, die drei Wochen lang täglich im Wald waren, ohne dabei den Nahbereich von Wasserfällen zu betreten. Auch bei ihnen gingen die klinischen Symptome und Entzündungsparameter durch die Kur zurück. Allerdings hielt die Wirkung in dieser Gruppe nur halb so lang an, also zwei Monate. Auch Wälder sind reich an Elektroaerosolen. Die Reibung des herabfallenden Regens am Kronendach erzeugt Elektrizität, sodass sich Luftteilchen negativ aufladen, also zu Anionen werden und sich mit Wasserpartikeln verbinden. Insbesondere nach Regengüssen, wenn die Luft feucht und durch schwebende Nebelschwaden leicht eingetrübt ist, befinden sich Elektroaerosole in hohen Konzentrationen im Wald. Die Kronendecke hält sie zurück und reichert sie im Waldesinneren an. Außerdem schützen die Bäume die Aerosole vor dem Abbau durch die UV-Strahlung der Sonne. Im Durchschnitt enthält Waldluft etwa 5000 bis 10 000 Elektroaerosole pro Kubikzentimeter. Städte sind hingegen praktisch davon leergefegt. Die empfindlichen Teilchen werden durch Beton- und Kunststoffflächen angezogen und ihrer elektrischen Ladung beraubt, also deaktiviert. Außerdem binden sie sich an Feinstaub und werden dabei zerstört.

An dem vorangegangenen Beispiel zeigt sich einmal

mehr die Komplexität ökoimmunologischer Zusammenhänge: Die Atemluft aus intakten Naturräumen enthält Substanzen, die unsere Abwehrkräfte bereits an den mechanischen Schutzbarrieren wie Schleimhäuten und Flimmerhärchen unterstützen. In der Stadt ist unter anderem Feinstaub dafür verantwortlich, dass diese Substanzen fehlen. Derselbe Feinstaub schädigt zusätzlich unsere Immunzellen, wie wir schon wissen.

Auch Reizklima-Regionen am Meer und im alpinen Raum weisen ökoimmunologische Wirkungen auf. Elektroaerosole dürften auch in diesen Naturräumen einen wesentlichen Grund dafür darstellen, dass sich das Reizklima bei Atemwegserkrankungen günstig auswirkt.

Am Meer erzeugt die Brandung, ähnlich wie ein Wasserfall oder Regenguss, Anionen und dadurch Elektroaerosole. Hinzu kommen maritime Salze, die – wie in der HNO-Praxis schon lange bekannt – nicht nur im Nasen-Rachen-Raum, sondern auch im Bereich der Lungenbläschen schleimlösend wirken.[99] Die maritimen »Dreifachwirkstoffe« befeuchten also unsere Schleimhäute, lösen zähen Schleim und dürften durch die elektrisch negative Ladung der Luftionen, wie im Zusammenhang mit Wasserfällen belegt, die Funktion der Flimmerhärchen unterstützen. An diesem Beispiel sieht man, dass ökoimmunologische Kuren keine bloßen »Wohlfühlbehandlungen« sind, sondern im Sinne eines komplementären Ansatzes ein ernstzunehmendes wirkstoffbasiertes Gesundheitspotenzial mit sich bringen.

Der Vollständigkeit wegen muss aber erwähnt werden, dass im maritimen Reizklima permanent hohe Luftfeuch-

Elektroaerosole wirken sich positiv auf unsere Atemwege aus

tigkeit herrscht, sodass dort mit verstärkten Vorkommen von Schimmelpilzsporen in der Atemluft zu rechnen ist. Personen, die auf Pilzsporen allergisch reagieren, dürften daher im hochalpinen Reizklima besser aufgehoben sein. Auch bei Patienten mit Allergie auf die Ausscheidungen der Hausstaubmilbe ist das hochalpine Klima unbedingt zu bevorzugen. Das Hochgebirge gehört neben den arktischen und subarktischen Regionen zu den wenigen Biotopen der Erde, in denen Hausstaubmilben offenbar nicht überleben können.

Das alpine Reizklima erwies sich auch in der Dermatologie als effiziente Unterstützung konventioneller Behandlungen. *Atopische Dermatitis*, als Neurodermitis bekannt, ist eine Funktionsstörung der Hautschutzbarriere mit Entzündungen, die durch eine Überreaktion des Immunsystems auf an sich harmlose Substanzen ausgelöst wird.[100] In einer klinischen Studie aus 2017 wurden 88 Patientinnen und Patienten mit dieser Diagnose im Alter von 8 bis 18 Jahren, die ärztlich als schwer therapierbar eingestuft worden waren, für sechs Wochen auf Kuraufenthalte ins hochalpine Reizklima in der Schweiz geschickt. Unmittelbar nach dem Aufenthalt sowie sechs Wochen später ergaben die klinischen Evaluationen einen signifikanten Rückgang der Entzündungen. Sechs Monate nach der Kur unterschied sich der Zustand der Patientinnen und Patienten nicht mehr vom Ausgangszustand, sodass – wenig überraschend – eine regelmäßige Wiederholung von Kuraufenthalten im hochalpinen Reizklima empfehlenswert erscheint.[101]

In einer nachfolgenden Studie wurden 88 Kinder mit Atopischer Dermatitis für sechs Wochen auf Kur in die Schweizer Alpen und an die niederländische Nordsee geschickt. Während der Kur zeigte sich bei beiden Gruppen im Blut ein signifikanter Rückgang von spezifischen T-Gedächtnis-Zellen, die krankhaft auf die Zerstörung der eigenen Hautzellen programmiert waren. Ebenso gingen B-Zellen zurück, die die krankhaften Antikörper hergestellt hatten, welche die Zerstörung von Hautgewebe bewirkt hatten. Damit wurde ein Rückgang der Krankheitsaktivität durch das Reizklima sowohl im Hochgebirge als auch an der Nordsee belegt.[102] Ähnlich erfolgreich wurde der therapeutische Effekt dieser Regionen mit Reizklima bei Schuppenflechte (Psoriasis) nachgewiesen, die ebenfalls auf eine

Fehlprogrammierung des Immunsystems zurückzuführen ist.[103]

Insbesondere bei der Schuppenflechte hat sich auch das Schwimmen im Meerwasser als symptomlindernd herausgestellt. Das Salzwasser wirkt antiseptisch, das heißt, es reduziert pathogene Keime auf der Haut. Dadurch fördert es die Wundheilung. Magnesium aus dem Meerwasser verbessert den Feuchtigkeitshaushalt und die Widerstandskraft der Haut.[104] Doch auch Süßwasserbäder, die aus Heilwasserquellen gespeist werden, wirken sich bei Autoimmunerkrankungen aufgrund ihres besonderen Mineralstoffgehalts günstig auf die Haut aus und hemmen die damit verbundenen Entzündungen.[105]

Algen und andere Wasserpflanzen in Mineralquellen und Meeren sind für die Wasserqualität entscheidend. Die

Gesunde Pflanzen sind Voraussetzung für eine gute Wasserqualität

Biomasse der pflanzlichen Lebensformen im Wasser fördert die Sedimentation schwebender Partikel, indem diese an den pflanzlichen Strukturen haften bleiben. Außerdem sind pflanzliche Organismen dazu in der Lage, gelöste Substanzen aus dem Wasser zu absorbieren. Durch diese Eigenschaften reinigen sie das Wasser und reichern es im Rahmen der Photosynthese mit Sauerstoff an. Im Hinblick auf den gesundheitlichen Nutzen von Gewässern kommt dem ökologischen Zustand der Pflanzenwelt damit auch für unsere Gesundheit eine weitere wichtige Bedeutung zu.

Waldluft und Immunsystem

Die Oberberger Alm im steirischen Naturpark Zirbitzkogel-Grebenzen ist ein alpiner Grünraum in etwa 1600 Metern Höhe über dem Meeresspiegel mit Hanglage. Die Vegetation auf dieser Alm wird von *Pinus cembra* dominiert. Dieser aromatische Nadelbaum mit dem Namen Zirbelkiefer, Zirbe oder *Arve*, ist in den Alpen und Karpaten heimisch. Es handelt sich um ein Kieferngewächs mit starkem Aroma. Wer auf einer Wanderung an dieser Alm vorbeikommt, begibt sich in eine natürliche Aromatherapie. Hauptwirkstoff ist das Pinen.

Am Ende des siebten Kapitels haben wir uns im Abschnitt über das »Immunsystem des Waldes« bereits mit den sekundären Pflanzenstoffen aus der Gruppe der Pinene befasst, die zu den Terpenen gehören und im Reich der Pflanzen Immunfunktionen übernehmen sowie als »chemische Wörter« Botschaften übertragen. Alpha- und

Beta-Pinen sind die hauptsächlichen Inhaltsstoffe des Kiefernöls. Unter anderem wirken sie antibakteriell und töten Schädlinge ab. Sie verleihen den Kieferngewächsen ihren charakteristischen, intensiven Geruch. Die gesamte Oberberger Alm duftet danach. Im Hochsommer, meistens im August, liegen im Baumbestand überall Arvenzapfen wie dunkelviolette Rubine verstreut am Boden. Pinenhaltiges aromatisches Harz durchdringt sie und quillt aus ihnen heraus. Ich bin geneigt zu sagen: Die Zapfen der Arve erscheinen mir wie Edelsteine auf der alpinen Erde. Sie gleichen Schätzen aus der Natur, die Wandersleute auf ihren Streifzügen auffinden können.

In diesem Arvenbestand finden die Feldstudien meiner Doktorarbeit statt, die ich seit März 2021 im Institut für Biologie der Universität Graz durchführe. Jedes Jahr durchstreifen etwa 25 Probandinnen und Probanden aus Wien diesen Baumbestand, um zwei volle Tage die Atmosphäre, Naturreize und Aromen des Arvenwaldes zu genießen. Vor sowie nach der Intervention finden Blutabnahmen statt. Mit dieser Arbeit untersuche ich die immunologischen und endokrinologischen, also hormonellen Auswirkungen dieses Naturaufenthalts auf uns Menschen.[106]

Mein ökoimmunologisches Forschungsprojekt ist von einer Reihe von Studien inspiriert, die an der Nippon Medical School, einer medizinischen Universität in Tokio, von dem Arzt und Medizinwissenschaftler Qing Li und seinen Mitarbeiterinnen und Mitarbeitern durchgeführt wurden. Das Team konnte nachweisen, dass zweitägige Aufenthalte in Waldgebieten westlich von Tokio bei Stadtbewohnern die Anzahl und Aktivität der natürlichen Killerzellen im

Blut um 50 Prozent erhöhen. Danach vergingen vier Wochen, bis die Blutparameter der Teilnehmenden wieder ihr Ausgangsniveau erreichten. Auch die Konzentration der Immunproteine Perforin, Granulysin und der Granzyme, mit denen wir uns bei Menschen und Tieren schon befasst haben, stieg durch die Waldinterventionen an.[107]

Die Forscherinnen und Forscher stellten die Hypothese auf, dass diese Wirkung nicht nur auf bereits bekannte neurobiologische Wege, vermittelt über die immunaktivierende Rolle des Parasympathikus, zurückzuführen ist. Der ausgeprägte Effekt muss auch einen stofflichen Grund haben, um ausreichend erklärt werden zu können. So kam das Team auf die Idee, die Terpene aus der Waldluft im Labor

Zweig einer Zirbelkiefer

an menschlichen Immunzellkulturen zu testen. Insbesondere die Zugabe von Pinen, den zentralen Substanzen aller Kieferngewächse, aktivierte neben anderen Terpenen im Labor die natürlichen Killerzellen.

In einem weiteren Experiment wurde ein Hotel in Tokio in ein Labor umgewandelt. Probandinnen und Probanden wurden zu drei Übernachtungen eingeladen. Während sie schliefen, gaben Diffusoren Wasserdampf in die Raumluft ab. Bei der Hälfte der Teilnehmenden wurde zusätzlich ein ätherisches Baumöl hinzugefügt, das von der japanischen Zypresse stammte. Durch die Verdampfung war das darin enthaltene Pinen, ähnlich wie im Wald, gasförmig im Zimmer messbar. Bei der »Pinengruppe« stiegen Anzahl und Aktivität der natürlichen Killerzellen von Morgen zu Morgen an, was erneut mit Blutabnahmen festgestellt wurde. Hingegen zeigte die »Wasserdampfgruppe«, die als Vergleichsgruppe diente, keine Veränderungen der Immunparameter.

Die Summe dieser Erkenntnisse zeigt: Die Hypothese, wonach Terpene aus der Waldluft eine immunaktivierende Wirkung beim Menschen entfalten, ist absolut plausibel.[108] Im Wald ist die Wirkung stärker als unter Laborbedingungen, weil dort ein Cocktail aus unzähligen bioaktiven Substanzen und neurobiologisch wirksamen Naturreizen auf uns wirken kann.

Natürlich sind noch weitere Studien und Experimente nötig, um die Hypothese endgültig zu verifizieren und die Zusammenhänge zwischen Pinen und anderen Terpenen und unserem Immunsystem besser zu verstehen. Dazu möchte ich mit meinem ökoimmunologischen Biologie-

Doktorat in dem Arvenbestand auf der Oberberger Alm am Zirbitzkogel beitragen. Diese Vegetationsform habe ich deswegen ausgewählt, weil die Arve weltweit zu den Kieferngewächsen mit dem höchsten Pinengehalt gehört.

Noch ist es nicht so weit, endgültige Ergebnisse vorlegen zu können. Doch Zwischenauswertungen des ersten Studiendurchgangs aus dem Jahr 2021 zeigen gesundheitsschützende Veränderungen der Blutparameter nach zwei Tagen unter Arven. So stieg bei den Probandinnen und Probanden durch die Naturintervention das Nebennierenrinden-Hormon Dehydroepiandrosteron (DHEA) signifikant an. Wie erwähnt handelt es sich dabei um eine Herzschutzsubstanz, die auch das Immunsystem stimuliert.

Des Weiteren hat sich im Durchschnitt eine Vermehrung der natürlichen Killerzellen und der natürlichen Killer-T-Zellen gezeigt, die wir aus unserer Naturgeschichte des Immunsystems schon kennen. Für genauere Angaben ist es noch zu früh. Es ist aber bereits wahrscheinlich, dass auch der Aufenthalt in Arvenbeständen zu günstigen endokrinologischen und immunologischen Auswirkungen führt, insbesondere bei regelmäßiger Naturerfahrung. Die Ergebnisse dieser ökoimmunologischen Studie, die sich über drei Jahre erstreckt, sind im Frühjahr 2024 zu erwarten.

Die Ökoimmunologie steht bei der Erforschung immunaktiver Natursubstanzen noch ziemlich am Anfang. In Zeiten zunehmender Umweltkrisen kann sie einen Beitrag zum besseren Verständnis der Auswirkungen von Umweltbelastungen auf unsere Gesundheit leisten, die auch darin bestehen, dass wir immer mehr intakte Ökosysteme mit ihren gesundheitsschützenden Einflüssen verlieren. Dieser

Waldaufenthalte kurbeln die Produktion immunaktiver Nebennierenrinden-Hormone an

Aspekt kommt zusätzlich zu den schädigenden Auswirkungen von Umweltschadstoffen noch hinzu. So kann die Ökoimmunologie dabei helfen, das Bewusstsein für den Wert unserer Lebensräume in unserer Gesellschaft und in der Politik zu steigern.

KAPITEL 9

Ernährung, Psyche, Immunsystem – Die innere Ökoimmunologie des Menschen

Am Beginn des achten Kapitels haben wir die äußere Ökoimmunologie, die sich mit den Umwelteinflüssen auf unsere Abwehrkräfte befasst, von der inneren Ökoimmunologie unterschieden, die sich mit den Ökosystemen *im* menschlichen oder tierischen Organismus auseinandersetzt, sofern diese für das Immunsystem relevant sind.

Das Mikrobiom im Darm ist ein wesentlicher Bestandteil unserer Gesunderhaltung. Die Naturgeschichte des Immunsystems hat uns gelehrt, dass schon frühe Formen der Quallen und anderer Nesseltiere vor 500 Millionen Jahren die Kultivierung symbiotischer Mikroorganismen in ihren Verdauungshöhlen erprobten. Damit legten sie den evolutionären Grundstein für die weitere Entwicklung der Mikrobiome in tierischen Organen. Indem unsere Ernährung unsere Darmmikroben beeinflusst und diese sich auf unsere Immunfunktionen auswirken, stellt das Darmökosystem auch den Schlüssel zum Verständnis der Zusammenhänge zwischen Ernährung und Abwehrkräften dar.

Ein weiteres Beispiel für ein komplexes inneres Wechselspiel ist die Verflechtung zwischen Nerven- und Immunsystem. Auch diese Verbindung lässt sich, wie wir gesehen haben, evolutionär auf die Nesseltiere als Pioniere des Nervensystems sowie des Immunsystems der Vielzeller zurückverfolgen. Da psychisches Erleben und das Nervensystem eng miteinander verknüpft sind, geht es bei Fragen, die Neurobiologie und Immunsystem betreffen, auch immer um die Verknüpfung zwischen Psyche und Immunsystem.

Lebensmittelimmunologie

Lebensmittel stellen einen immunrelevanten Umweltfaktor dar. Aus diesem Grund ist die Lebensmittelimmunologie mit der Ökoimmunologie verwandt. Die Schutzbarriere der Schleimhäute in unserem Verdauungstrakt ist, genauso wie die Hautschutzbarriere, die erste körperliche Barriere gegen Pathogene und Schadstoffe. Wie ich schon gezeigt habe, sind die Hohlräume des Magens und des Darms aus Sicht unseres Körpers Außenbereiche, aus denen nur selektiv Stoffe aufgenommen werden. Das war bereits bei den ersten Nesseltieren der Fall, durch deren Verdauungshöhle das Meerwasser mit den Nährstoffen strömte, so wie bei uns der Nahrungsbrei. Im Kontext der Lebensmittelimmunologie ist es grundlegend, sich bewusst zu machen, dass die Schleimhäute unseres Verdauungstraktes Barrieren zwischen Körper und *Umwelt* sind. Im Falle des Menschen stellt die vielfach gefaltete Darmschleimhaut die größte Außengrenze dar. Sie umfasst 300 bis 500 Quadratmeter.

Die Darmschleimhaut ist von lymphatischem Gewebe durchzogen, also von einem wichtigen Immunorgan. Über

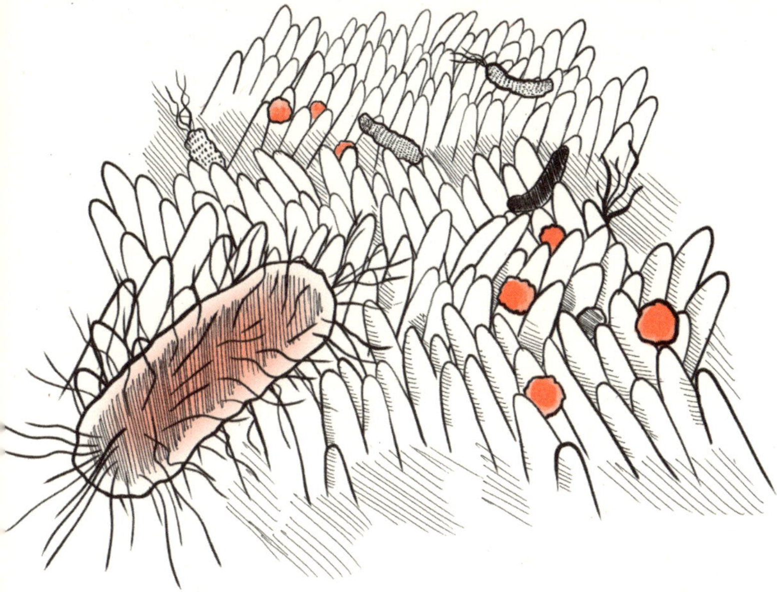

Darmschleimhaut mit Symbionten

das Lymphsystem ist das Lymphgewebe des Darms mit dem gesamten Lymphgewebe unseres Organismus verbunden, sodass Entzündungsvorgänge im Darm immer für unser ganzes biologisches System relevant sind. Die Darmmikroben stellen einen funktionellen Teil der Schleimhautbarriere des Verdauungstraktes nach außen dar. Diese mikrobielle Barriere befindet sich in einem fein abgestimmten Gleichgewicht, ähnlich wie das Mikroplankton in einem Gewässer. Und so wie ein Wasserökosystem durch Umweltbelastungen kippen und zur Algenblüte führen kann, sodass die ökologischen Reinigungsprozesse fehlschlagen, kann auch unser Darmökosystem durch einseitige Ernährung oder Schadstoffe kippen. Die Folgen sind chronische Entzündungen, die unsere Gesundheit beeinträchtigen.

Jede Spezies der Darmmikroben erfüllt ihre spezifische Aufgabe in diesem Abwehrgewebe. Einige unterstützen die Verdauung durch ihre enzymatische Tätigkeit und die Aufbereitung von Nährstoffen. Andere produzieren Vitamine und bioaktive Substanzen, die unsere Zellen für eine gesunde Funktion benötigen, aber nicht selbst herstellen können. Dazu zählen zum Beispiel die Vitamine B2, B12 und K sowie Folsäure und Biotin. Unsere Darmmikroben neutralisieren Giftstoffe, die wir über die Nahrung aufnehmen oder die bei der Verdauung anfallen. Dabei handelt es sich bereits um eine Immunfunktion, die unsere Symbionten übernehmen, denn auch Giftstoffe sind Krankheitserreger, die abgewehrt werden müssen. Dazu zählen unter anderem die krebserregenden Nitrosamine, die bereits im Magen durch die Verdauungstätigkeit entstehen können.

Für unser Immunsystem ist das Mikrobiom des Darms essenziell. Die nützlichen Darmbakterien wehren krank machende Keime ab, indem sie diese für uns abtöten. Dabei reinigen und verteidigen sie im Grunde einfach ihren Lebensraum, das Ökosystem Darm, und erweisen uns dadurch ihre Dienste. Außerdem trainieren die Darmbakterien unser gesamtes Immunsystem. Dieses lernt anhand unseres artenreichen Darmökosystems nicht nur, effizient zwischen Selbst und Nicht-Selbst, nützlich und schädlich zu unterscheiden. Die Mikroben beeinflussen darüber hinaus auch das komplexe Signalstoffnetzwerk des angeborenen Immunsystems und unserer Immunzellen, das auf Zytokinen beruht. Die Mikroorganismen stimulieren die

Abgabe von *Antimikrobiellen Peptiden* (AMPs) und *Akute-Phase-Proteinen* (APPs), die insbesondere im Frühstadium einer Infektion für eine effiziente Immunantwort wichtig sind. Darmmikroben nehmen auch an der Signalkette der Darm-Hirn-Achse teil. Über die Stimulation von Neurotransmittern wie Serotonin und Dopamin können sie sowohl unsere psychische Stimmung beeinflussen als auch unsere Immunfunktionen verstärken oder abschwächen, also mit steuern. Eine Störung der Darmflora beeinträchtigt das komplexe Signalstoffnetzwerk unseres Immunsystems.

Der Nährboden der Darmmikroben, also die Schleimschicht, genannt *Mucus*, ist die Lebensgrundlage dieser Symbionten. Was wir essen, wirkt sich sowohl auf die Schleimqualität als auch auf die dort lebenden Mikroorganismen selbst aus. Heute wissen wir, dass die mikrobielle Zusammensetzung der Darmflora bereits bei der Geburt initiiert wird, wenn das neugeborene Kind bei der Passage des Geburtskanals mit der Vaginalflora der Mutter in Kontakt kommt. Im Laufe des Lebens passt sich diese Zusammensetzung dann an. Daher sind auch Menschen, die mithilfe eines Kaiserschnitts zur Welt gekommen sind, in der Lage, mit der Zeit ein gesundes Darmökosystem aufzubauen.

Mikroorganismen aus dem Darm wirken unser ganzes Leben lang auf die Immunaktivität ein. Unsere Ernährung beeinflusst ihre Tätigkeit. Sogenannte *Präbiotika* dienen den nützlichen Bakterien als Energiequelle und fördern ihr Wachstum. Es handelt sich um Ballaststoffe, die von uns nicht aufgeschlossen werden können, aber die Darmmikroben direkt mit Kohlenhydraten versorgen. Präbiotische Ballaststoffe sind also die Nahrung für unsere Symbionten, nicht für uns selbst. Bekannte Präbiotika aus Lebensmitteln sind zum Beispiel Fructane, Galactane und Glucane. Sie sind vorwiegend in pflanzlichen Lebensmitteln wie Chicorée, Knoblauch, Zwiebel, Spargel, Getreide, Schwarzwurzeln, Topinambur und anderem Wurzelgemüse vorhanden. Demgegenüber enthalten *Probiotika* Darmbakterien, die in unserem Organismus lebensfähig sind. Sie sind zum Beispiel in Joghurt, Dickmilch, Sauerkraut sowie milchsauer eingelegten oder fermentierten Lebensmitteln vorhanden. Darüber hinaus ist die immunbiologische Bedeutung von Vitaminen, Mineralstoffen und sekundären Pflanzenstoffen allgemein bekannt und gut dokumentiert. Im Rahmen der Ökoimmunologie stehen jedoch die zuvor genannten ökosystemischen und umweltbezogenen Eigenschaften unseres Darms im Vordergrund.

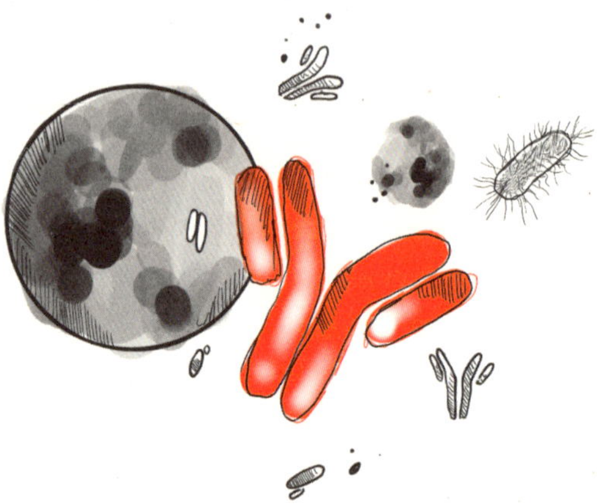

Mikroben aus dem Darm

Dass Ernährungsfaktoren auch den Verlauf von Infektionskrankheiten beeinflussen können, ist seit Längerem bekannt und gut belegt.[109] Inzwischen wurde in Tierversuchen mit Säugetieren bewiesen, dass Darmbakterien sogar bei der Abwehr von Lungeninfektionen helfen. Wenn unser Immunsystem die Darmbakterien über sein Signalnetzwerk zur Hilfe gegen Atemwegserkrankungen ruft, wandern sie über den Blutstrom bis in unsere Atemwege und unterstützen dort unsere Immunzellen bei der Abwehr von Viren und krank machenden Bakterien. Dazu setzen sie ihre evolutionär erprobten Waffen ein und geben beispielsweise ihre eigenen Immunproteine, Antibiotika und Antivirenmittel ab, mit denen sie sich auch gegen Bakteriophagen zur Wehr setzen würden. Außerdem verwehren sie den Erregern durch Blockaden an der Zellmembran Eintritt in die Zellen unserer Atemwege.[110] Eine in *Nature* veröffentlichte Studie von Expertinnen und Experten für die Immunologie der Darmschleimhaut kam zu dem Schluss, dass sich eine ausgewogene, ballaststoffreiche Diät mit ausreichender Versorgung des Darmmikrobioms mit Prä- und Probiotika günstig auf den Verlauf von Lungeninfektionen auswirkt. Die Autorinnen und Autoren nennen diesen Zusammenhang »Darm-Lungen-Achse«.[111]

Im Jahr 2021 veröffentlichte das *British Medical Journal* eine lebensmittelimmunologische Studie, die an knapp 3000 Patientinnen und Patienten durchgeführt wurde, von denen 568 an COVID-19 erkrankt waren. Es zeigte sich, dass eine ausgewogene, pflanzenbasierte Kost das Risiko für einen schweren Coronaverlauf signifikant senkt. Auch Menschen, die ihre vorwiegend pflanzliche Kost durch den Verzehr von Fisch ergänzten, wiesen ein reduziertes Risiko auf. Hingegen erwies sich eine Diät mit wenig Kohlenhydraten und hohem Fleischkonsum als ungünstig für den Verlauf der Infektionskrankheit.[112] Die Studie wurde an Krankenhauspersonal mit erhöhtem Ansteckungsrisiko durchgeführt. Sie bestätigt die bereits vorliegenden Erkenntnisse, wonach sich eine ballaststoffreiche Kost mit hohem Anteil an Vitaminen, Mineralstoffen und sekundären Pflanzenstoffen günstig auf das Immunsystem auswirkt – auch bei Atemwegsinfektionen.

Immun-Booster aus dem Erdboden

Der Darm tritt auch als Vermittler zwischen ökologischen Einflüssen und unserem Immunsystem auf. Wenn wir uns durch die Natur bewegen, kommen wir mit Mikroorganismen aus der Erde in Kontakt. Diese gelangen dabei in unseren Verdauungstrakt. Einerseits nehmen wir sie auf, wenn wir das Erdreich berühren und uns danach an den Mund fassen. Viel wichtiger ist aber der Weg über die Atemluft. In natürlichen Ökosystemen befinden sich die Mikroben aus dem Erdboden auch in der Luft. Sie werden durch Wind und Regen aufgewirbelt und schweben als Aerosole durch den Naturraum, oft an feinste mineralische oder organische Schwebstoffe aus dem Boden gebunden. Wenn wir die Bodenmikroben einatmen, verfangen sie sich an unseren Flimmerhärchen. Diese transportieren sie in unseren

Rachen, sodass wir sie unweigerlich schlucken. So gehen Bakterien aus der Natur in unseren Darm über, wo sie Teil des Darmökosystems werden können. Unser Immunsystem unterscheidet zwischen Freund und Feind. Nützliche Mikroben dürfen bleiben, schädliche werden bekämpft.

Überall auf der Erde lebt eine Mikrobe mit der Bezeichnung *Mycobacterium vaccae* im Humusboden von Wäldern, Wiesen und besonders am Rand von Gewässern. Dieses Bakterium wurde in Kuhdung zum ersten Mal entdeckt. Es handelt sich weltweit um eine der am besten erforschten Bodenmikroben – und um einen harmlosen, ökologisch aber bedeutsamen Verwandten des Tuberkulose-Erregers.

Die Immunologen John Stanfort und Graham Rook stellten bereits in den 1970er-Jahren fest, dass Menschen, die an den Ufern des Kyogasees im Zentrum Ugandas lebten, seltener an Tuberkulose verstarben als Bewohner anderer Regionen des Landes. Ihre Immunsysteme kamen besser mit dem bakteriellen Erreger der gefürchteten Epidemie zurecht. Stanfort und Rook fanden gemeinsam mit ihren Kolleginnen und Kollegen heraus, dass das *Mycobacterium vaccae* rund um den See überdurchschnittlich stark im Boden vertreten war. Immunologische Untersuchungen legen einen Zusammenhang zwischen häufigem Kontakt zu dem Bodenorganismus und einer verbesserten Immunabwehr nahe. Dieses Phänomen ist auch als »Bauernhofeffekt« bekannt. Das Bakterium aus der Erde unterstützt offenbar unser Immunsystem auf besonders effiziente Weise. Im Falle des Kontakts mit einem gefährlichen Erreger sind unsere Abwehrkräfte dann besser in Schuss, und die Chance auf eine erfolgreiche Abwehr steigt.[113]

Interessant ist in diesem Zusammenhang die bereits genannte Tatsache, dass das völlig ungefährliche *Mycobacterium vaccae* ein Verwandter des Tuberkulose-Erregers ist. So erklärt sich vermutlich, warum Menschen, die besonders intensiven Kontakt mit dem gutartigen Verwandten hatten, seltener an Tuberkulose erkrankten. In den Jahren 2010 und 2011 nahm die Immunologin Xiaoyan Yang vom West China Hospital der Universität Sichuan in Chengdu gemeinsam mit vier anderen chinesischen Immunologinnen 13 internationale klinische Studien zur Wirkung von *Mycobacterium vaccae* unter die Lupe. Die Wissenschaftlerinnen wiesen in ihrer Metaanalyse nicht nur die Schutzfunktion des Bakteriums vor dem Tuberkulose-Erreger nach. Sie glauben sogar, dass die medizinische Verabreichung des Bodenbakteriums in Form von Medikamenten und Impfungen in Zukunft Menschen in Risikogebieten vor einer Tuberkulose-Epidemie schützen könnte.[114] Eine gut begründbare Hypothese sagt, dass das *Mycobacterium vaccae* die Bildung von Antikörpern stimuliert, die dann aufgrund der biologischen Ähnlichkeit der beiden Bakterienarten auch gegen den gefährlichen Verwandten eine Wirkung haben oder diesen zumindest so lange in Schach halten, bis genügend spezifische Antikörper gegen Tuberkulose entstanden sind.

Auch unabhängig von Tuberkulose und möglichen Impfstoffen aus der Erde: Regelmäßiger Kontakt zu Bodenbakterien aus intakten Naturräumen trainiert unser Immunsystem. Wir wissen ja, dass in unserem Immunsystem kein Kampf zwischen »Gut« und »Böse«, sondern ein permanenter Prozess der Ausbalancierung unterschiedlicher Einflüsse stattfindet. Wir haben unentwegt Kontakt zu Viren sowie Bakterien, und unser Immunsystem ist bemüht, einen ständigen Ausgleich herzustellen. Wenn es gut trainiert ist und sich im Gleichgewicht befindet, sinkt die Gefahr, dass wir bei Kontakt zu einem Erreger erkranken. Krank werden wir erst, wenn dieser Ausgleich nicht mehr gelingt. Das Training durch Bodenmikroben, die es bis in unseren Darm schaffen, erhöht die Chancen, dass das Gleichgewicht gehalten wird und kein Erreger außer Kontrolle gerät. Immunologinnen und Immunologen sprechen heute daher nicht mehr von einer »Stärkung« des Immunsystems, sondern von dessen »Ausbalancierung«. Gerade wenn es um die Wirkung der Natur auf den Menschen geht, spielt diese Einsicht eine wichtige Rolle, denn der Kontakt zur Natur bringt unseren Körper und seine Organe wieder in ein gesundes, natürliches Gleichgewicht. Der Weg zu diesem Ziel führt über den Darm.

Diese Erkenntnisse über die ökologischen Abläufe rund um unser Mikrobiom führen zu einem wichtigen Ergebnis: Bodenmikroben, mit denen wir in intakten, natürlichen Lebensräumen in Berührung kommen, sind eine Art Probiotika, die wir nicht über unsere Nahrung aufnehmen müssen, sondern direkt aus der Umwelt erhalten.

Psyche, Darm, Immunsystem

Wie erwähnt, beeinflussen Darmmikroben das Signalstoffnetzwerk unseres Immunsystems. Unter anderem wirken sich ihre biologischen Signale auf die Ausschüttung von

Serotonin und Dopamin aus. Diese beiden Hormone wirken stimmungsaufhellend und fördern unsere Konzentration. Sie werden daher auch als »Glückshormone« bezeichnet. Über diese *Darm-Hirn-Achse* sind die Symbionten aus unserem Verdauungstrakt also in der Lage, unseren psychischen Zustand zu verändern. Folgerichtig sprechen manche Wissenschaftlerinnen und Wissenschaftler auch von der *Darm-Mikroben-Hirn-Achse.*

Besonders faszinierend ist der Zusammenhang zwischen Bodenbakterien und unserer psychischen Gesundheit. Bei diesem Forschungsthema wird einmal mehr deutlich, wie komplex der menschliche Organismus ist und wie intensiv wir mit unserer Umwelt in Kontakt stehen. Experimente haben belegt, dass die Aufnahme des Bodenbakteriums *Mycobacterium vaccae*, das wir im vorangegangenen Abschnitt kennengelernt haben, bei Säugetieren stress- und angstlösend wirkt und Verhaltensweisen fördert, die auf eine ausgeglichene Stimmungslage hindeuten.[115]

Der zuvor genannte Immunologe Graham Rook zeigte 2016, dass Bakterien eine profunde Wirkung auf unsere psychische Gesundheit haben können.[116] So ist beispielsweise nachgewiesen, dass der Kontakt mit Bodenbakterien über ihre immunregulierende Wirkung zu einem Rückgang von Entzündungen führt – und zwar nicht nur im Darm, sondern im gesamten Organismus von Menschen und Tieren. Chronische Entzündungen im Körper erhöhen das Risiko einer psychischen Erkrankung. Dieses Wissen gehört zu den sicheren Grundfesten der Psychoneuroimmunologie. Beispielsweise reagieren Säugetiere, bei denen Entzündungsprozesse nachgewiesen wurden, auf belastende Erlebnisse eher mit einer posttraumatischen Belastungsstörung oder Angststörung als Menschen ohne chronische Entzündungen. Diese negative psychische Reaktion konnte experimentell durch Kontakt zu gesundheitsschützenden Bodenmikroben reduziert werden.[117]

Umgekehrt können psychische Probleme, wenn sie langfristig auftreten, zu Entzündungsreaktionen im Körper führen. Stress löst dadurch Entzündungen aus, ohne dass es dazu die Infektion durch einen Krankheitserreger benötigt.[118]

Die Europäische Union hat unter der Projektbezeichnung *My New Gut* (»Mein Neuer Darm«) neun Millionen Euro für ein Projekt zur Verfügung gestellt, in dem die Bedeutung des Darms für unsere Psyche erforscht wird. Mikroorganismen und deren Stoffwechselprodukte sollen künftig als Medikamente vermarktet werden – sozusagen als neue Generation von Psychopharmaka. Dafür ist der Begriff *Psychobiotika* vorgesehen. Die Natur bietet diese therapeutische Wirkung auch ohne Rezeptpflicht, sofern wir dazu ausreichend viele intakte Ökosysteme erhalten.

Im Abschnitt über Primaten haben wir gesehen, dass sozialer Stress und der Entzug von Sozialkontakten über Auswirkungen auf Psyche und Nervensystem auch das Immunsystem schwächt und Affen sowie Menschen anfälliger für Krankheiten macht. Eine an der Universität von Kentucky durchgeführte Metaanalyse, bei der 300 wissenschaftliche Arbeiten ausgewertet wurden, kam zu dem Ergebnis, dass akuter Stress, der sich über Minuten oder Stunden erstreckt, mit einer kurzfristigen Verstärkung der Immunfunktionen verbunden ist. Mittelfristige Stressbelastungen, beispiels-

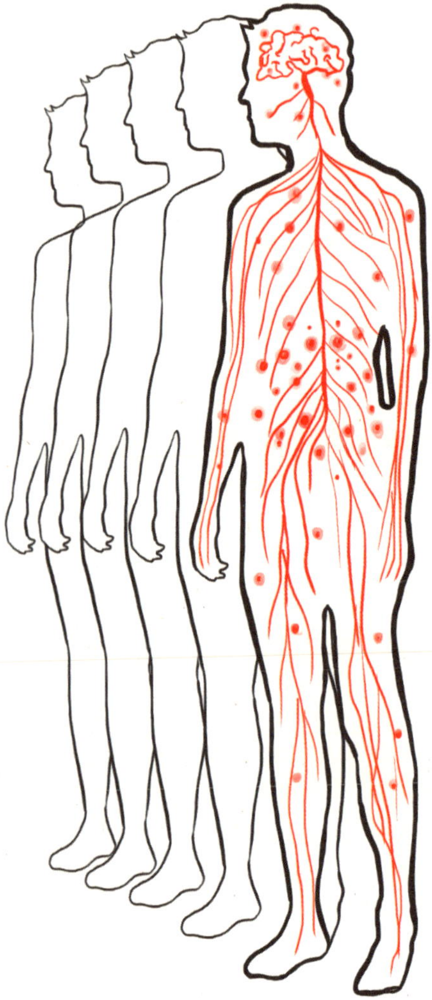

Signalnetzwerke zwischen Gehirn, Nervensystem, Darmmikroben und Immunsystem

weise Phasen vor einem Examen, schwächen die Aktivität der Immunzellen. Chronischer Stress schließlich, wie zum Beispiel der Verlust von sozialen Kontakten oder die Nachwirkungen traumatischer Erlebnisse, führt zu einer Beeinträchtigung des gesamten immunologischen Signalnetzwerks mit einer Störung der Zytokinproduktion. Daraus resultiert eine langfristige Schwächung der Abwehrkräfte und eine Zunahme von Entzündungen im Organismus.[119]

Eine epidemiologische Studie aus China kam im August 2021 zu dem Ergebnis, dass Angststörungen das Risiko, sich mit SARS-CoV-2 zu infizieren, erhöhen. Depressionen führten nicht nur zu einem höheren Infektionsrisiko, sondern auch zu einer höheren Wahrscheinlichkeit, einen schweren Krankheitsverlauf zu entwickeln oder an COVID-19 zu versterben.[120]

Mit Fortschreiten wissenschaftlicher Erkenntnisse zeigt sich immer mehr, dass Psyche, Nervensystem, Umwelt und Immunsystem eng zusammenhängen und Einflüsse aus einem der vier Bereiche auch auf die anderen zurückwirken. Eine einseitige Fokussierung auf Pathogene und Immunzellen oder Antikörper wird uns einem umfassenden Verständnis des Immunsystems nicht näherbringen. Die Wissenschaft der Zukunft sollte das Immunsystem als außerordentlich stark vernetzt mit anderen Organsystemen, ökologischen, psychischen sowie sozialen Einflüssen betrachten. Ich bin zuversichtlich, dass uns dieser ökoimmunologische Paradigmenwechsel gelingen wird. Denn die wissenschaftlichen Evidenzen sprechen eine eindeutige Sprache.

Die Medizin der Zukunft

In unserer Naturgeschichte des Immunsystems sind wir Bakterien im Kampf gegen Bakteriophagen begegnet. Wir haben Amöben als kriechende Immunsysteme kennengelernt, die das Prinzip der Fresszellen vor langer Zeit erfunden haben. Auf der Suche nach dem Ursprung der Immunproteine haben wir die Evolution der Pflanzen, Nesseltiere und anderer vielzelliger Organismen nachvollzogen. Prototypen unserer Immunzellen trafen wir bei Insekten an. Mit der Erfindung der T-Zellen, B-Zellen und Antikörper haben wir dem »Big Bang« der Immunbiologie bei einem paläozoischen Fisch beigewohnt.

Die Immunsysteme höher entwickelter Säugetiere ähneln unseren eigenen stark. Unsere angeborenen Abwehrkräfte entwickeln sich bei uns ebenso wie bei anderen Säugern bereits im Mutterleib. Ausgestattet mit einem immunologischen Hintergrundschirm aus Fresszellen, Killerzellen und Erste-Hilfe-Zellen erblicken wir das Licht der Welt. Auch die Fähigkeit, im Laufe unseres Lebens spezifische Antikörper gegen Erreger zu entwickeln, ist uns in die Wiege gelegt. Doch wir tragen dabei nicht nur das Erbe unserer Eltern in uns, sondern des gesamten, mehr als drei Milliarden Jahre alten Stammbaums des Lebens.

Unser Rückblick auf die Evolution hat uns schließlich

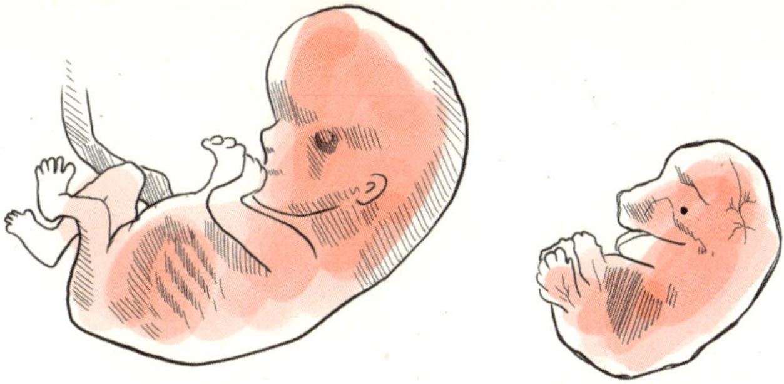

Fötus eines Menschen und eines Maulwurfs – beides Säugetiere

zu den Zusammenhängen zwischen Psyche, Sozialleben, Umwelt, Ernährung und Abwehrkräften geführt. Das menschliche Immunsystem ist Teil der evolutionären Biodiversität der Erde, denn wir sind nicht nur Kulturwesen, sondern auch Naturwesen. Wie jede andere biologische Lebensform hängt unsere Gesundheit auch von dem Zustand unserer Lebensräume ab. Wir benötigen, wie jedes Tier und jede Pflanze, eine »artgerechte« Umwelt, um gesund zu werden oder zu bleiben.

Das 21. Jahrhundert könnte eine neue Ära des wissenschaftlichen Denkens einläuten, in der Gesundheit und Immunsystem als komplexe Umwelt- und Beziehungssysteme betrachtet werden. Eine Medizin unserer Zeit sollte die vielen Faktoren, die unsere Abwehrkräfte und unsere Gesunderhaltung beeinflussen, umfassend berücksichtigen. Daraus resultiert auch der Auftrag, dass wir uns mit großem Engagement um den Erhalt und die Wiederherstellung unserer Lebensräume und der Ökologie der Erde bemühen. Denn nur auf einem gesunden Planeten leben gesunde Menschen.

Wenn wir umfassend zu verstehen lernen, dass der Schwund der Biodiversität auch auf uns selbst und auf künftige Generationen zurückfällt, ergibt sich daraus auch die Notwendigkeit einer ökologischen Wende in unserem politischen und wirtschaftlichen Handeln. Die Ökoimmunologie hat das Potenzial, diese Wende herbeizuführen. Denn sie macht so eindringlich wie keine andere Wissenschaft deutlich, wie eng unser Gesundheitszustand an den Zustand unseres Planeten geknüpft ist.

Ich hoffe, dass dieses Buch über die Naturgeschichte des Immunsystems einen Beitrag zu diesem Verständnis und einer ökologischen Gestaltung unserer Zukunft leisten kann.

Danksagung

Mit diesem Buch, das durch zahlreiche kreative Illustrationen und einen künstlerisch gestalteten Einband aufgewertet wird, verwirklicht sich für mich mein lang gehegter Wunsch als Autor, ein Sachbuch mit ästhetischem Mehrwert zu verfassen. Ich danke der Illustratorin Mira Schmidt dafür, dass sie die Umsetzung dieser Idee durch ihre zeichnerischen Beiträge ermöglicht hat. Ebenso danke ich der Agentur *Guter Punkt* für die kunstvolle Gestaltung des Buchumschlags. Beide haben sich auf das Thema der Naturgeschichte des Immunsystems eingelassen und es mit Bravour geschafft, die sachlichen Inhalte auf fantastisch kreative Weise zu Papier zu bringen. Dabei trafen sie bei aller Kreativität punktgenau das Sachthema, sodass schon das Betrachten der so entstandenen Kunstwerke einen plastischen Eindruck von den Inhalten des Buches vermittelt.

Der Verlagsgruppe *Bastei Lübbe* danke ich für die Offenheit gegenüber meiner Idee, ein ästhetisches Buch über das Immunsystem zu verfassen. Ich freue mich, dass das Werk in dem gehobenen Sachbuchlabel *Quadriga* des Verlags erscheint. Der Lektorin Ramona Jäger spreche ich meinen Dank und meine aufrichtige Anerkennung für die hervorragende und kooperative, stets produktive Zusammenarbeit aus, mit der wir gemeinsam nun schon das dritte Sachbuch auf den Weg in die Buchhandlungen und Bibliotheken gebracht haben.

Wie immer in meinen Büchern richte ich das letzte Wort

der Dankbarkeit an Sie, liebe Leserin und lieber Leser. Vielen Dank, dass Sie mir durch die Lektüre dieses Buches Ihr Vertrauen geschenkt haben. Ich hoffe, dass Sie das Buch gewinnbringend gelesen haben und darin neue, interessante Erkenntnisse über das Immunsystem und seine Naturgeschichte, die sich über viele Erdzeitalter erstreckt, finden konnten.

Graz, im Februar 2022

Anmerkungen

1 Di Rienzi S. D. und Mitarbeiter, *The human gut and groundwater harbor non-photosynthetic bacteria belonging to a new candidate phylum sibling to Cyanobacteria*, eLife, Ausg. 2, Artikel Nummer e01102 von 01.10.2013, online: www.ncbi.nlm.nih.gov/pmc/articles/PMC3787301/

2 Borrel G. und Mitarbeiter, *The host-associated achaeome*, in: Nature Reviews, Ausg. 18 vom November 2020, S. 622–636, online: www.nature.com/articles/s41579-020-0407-y

3 Vreeland R. H., Rosenzweig W. D. und Powers D. W., *Isolation of a 250 million-year-old halotolerant bacterium from a primary salt crystal*, in: Nature, Ausg. 407 vom 19.10.2000, S. 897–900, online: www.nature.com/articles/35038060

4 Abedon S. T., *Bacterial »immunity« against bacteriophages*, in: Bacteriophage. Ausg. 2 vom 01.01.2012, S. 50–54, online: www.ncbi.nlm.nih.gov/pmc/articles/PMC3357385/ und Ongenae V. und Mitarbeiter, *Cell wall deficiency as an escape mechanism from phage infection,* in: Open Biology, The Royal Society Publishing, Ausg. 11 vom 01.09.2021, https://royalsocietypublishing.org/doi/10.1098/rsob.210199

5 Schelling M. und Sashital D., *Bacterial immunity: an adaptable defense*, in: eLife, Ausg. 9 vom 20.03.2020, https://elifesciences.org/articles/56122

6 *100 Millionen Jahre alte Amöben entdeckt: Erstmals Existenz spezieller Mikroorganismen in der Kreidezeit nachgewiesen*, Scinexx vom 30.01.2022, online: www.scinexx.de/news/geowissen/100-millionen-jahre-alte-amoeben-entdeckt/

7 Chen G. und Mitarbeiter, *Immune-like phagocyte activity in the social amoeba*, Science, Ausg. 317 vom 03.08.2007, S. 678–681, online: www.ncbi.nlm.nih.gov/pmc/articles/PMC3291017/

8 Englisches Originalzitat: »An amoeba, what ever else it may be, is first and foremost a crawling immune system.« Robert Jack und Louis Du Pasquier, *Evolutionary Concepts in Immunology*, S. 15, Springer Nature, Cham, 2019

9 Konkret: *Bacillus licheniformis,* vgl. Ji X. und Mitarbeiter, *The collaborative effect of Chlorella vulgaris – Bacillus licheniformis consortia on the treatment of municipal water*, Journal of Hazardous Materials, Ausg. 365 vom 05.03.2019, S. 483–493, online: www.sciencedirect.com/science/article/abs/pii/S0304389418310586

10 Egan S. und Mitarbeiter, *Bacterial pathogens, virulence mechanism and host defence in marine microalgae*, Environmental Microbiology, Ausg. 16 von 2014, S. 925–938, online: https://sfamjournals.onlinelibrary.wiley.com/doi/pdf/10.1111/1462-2920.12288

11 Horas E. und Mitarbeiter, *Why are algal viruses not always successful?*, in: viruses, Ausg. 10 vom 05.09.2018, S. 474, online: www.ncbi.nlm.nih.gov/pmc/articles/PMC6165140/

12 Lecoq H., *Discovery of the first virus, the tobacco mosaic virus*, Comptes rendus de l'Academie des sciences, serie III, Sciences de la vie, Ausg. 324, S. 929–933, https://pubmed.ncbi.nlm.nih.gov/11570281/

13 Hibino H, *Biology and epidemiology of rice viruses*, Annual Review of Phytopathology, Ausg. 34 von 1997, S. 249–274, online: https://pubmed.ncbi.nlm.nih.gov/15012543/

14 Qin J. und Mitarbeiter, *Defense and counter-defense in rice-virus interactions*, Phytopathology Research, Ausg. 1 vom 02.12.2019, Artikel Nr. 34, online: https://phytopatholres.biomedcentral.com/articles/10.1186/s42483-019-0041-7

15 *Structure of rhinovirus C revealed*, National Institutes of Health von 26.07.2016, online: www.nih.gov/news-events/nih-research-matters/structure-rhinovirus-c-revealed

16 Alhoraibi H. und Mitarbeiter, *Plant immunity: the MIT-ETI model and beyond*, Current Issues in Molecular Biology, Ausg. 30 von 2019, S. 39–58, online: https://pubmed.ncbi.nlm.nih.gov/30070650/

17 Dangl J., *Plant immune proteins trigger cell death*, Howard Hughes Medical Institute vom 17.06.2021, online: www.hhmi.org/news/plant-immune-proteins-trigger-cell-death

18 Reimer-Michalski E.-M. und Conrath U., *Innate immunity memory in plants*, Seminars in Immunology, Ausg. 28 von August 2016, S. 319–327, online: www.sciencedirect.com/science/article/abs/pii/S1044532316300458

19 *RNA-Impfstoffe für Pflanzen entwickelt*, Bioökonomie vom 30.08.2019, online: https://biooekonomie.de/nachrichten/neues-aus-der-biooekonomie/rna-impfstoffe-fuer-pflanzen-entwickelt

20 *Plant based technology*, Medicago, online:
https://medicago.com/en/our-technologies/plant-based-technology/
und
Virus-like particles, Medicago, online:
https://medicago.com/en/our-technologies/virus-like-particles/,
beide zuletzt abgerufen am 24.12.2021

21 *Medicago reicht Phase-3-Daten für pflanzenbasierten COVID-19-Impfstoffkandidaten bei Health Canada ein*, AFP Presseagentur vom 17.12.2021, online: https://www.businesswire.com/news/home/20211216005781/de/

22 *Pflanzenbasierter Corona-Impfstoff: Kanadisches Vakzin soll Infektion verhindern*, Redaktionsnetzwerk Deutschland vom 08.12.2021, online:
https://www.rnd.de/gesundheit/corona-impfstoff-aus-pflanzen-vakzin-aus-kanada-soll-infektion-verhindern-DRCABV7VFTZMOIT-65JJRHY46YI.html

23 Englisches Originalzitat: »Whatever we experience with our owninnate immune system, whatever we hope to learn, we will see that the cnidarians have been there before us.« Bosch T., *The path less explored: innate immune reactions in Cnidarians*, in: Gross H. J., Innate Immunity of Plants, Animals and Humans, S. 28, Springer, Berlin/Heidelberg, 2008

24 Mariottini G. L., *Antimicrobials from cnidarians. A new perspective for anti-infective therapy?,* Marine Drugs, Ausg. 14 von März 2016, S. 48–58, online: www.ncbi.nlm.nih.gov/pmc/articles/PMC4820302/

25 Mariottini G. L. und Pane L., *The role of Cindaria in drug discovery. A review on CNS implications and new perspectives*, Recent patents on CNS drug discovery, Ausg. 8 von August 2013, S. 110–122, online: https://pubmed.ncbi.nlm.nih.gov/23713989/

26 Siegmund-Schultze N., *Toll-like-Rezeptoren: Neue Zielstruktur für immunstimulierende Medikamente*, Deutsches Ärzteblatt, Ausg. 104 von 2007, online: www.aerzteblatt.de/archiv/55316/Toll-like-Rezeptoren-Neue-Zielstruktur-fuer-immunstimulierende-Medikamente

27 Ertürk-Hasdemir D. und Mitarbeiter, *Bug versus bug: humoral immune responses in Drosophila melanogaster*, in: Gross H. J., Innate Immunity of Plants, Animals and Humans, S. 49, Springer, Berlin/Heidelberg, 2008

28 Meister M. und Lagueux M., *Drosophila blood cells*, Cellular Microbiology, Ausg. 5 von September 2003, S. 573–580, online: https://pubmed.ncbi.nlm.nih.gov/12925127/

29 Sheehan G. und Mitarbeiter, *Innate humoral immune defences in mammals and insects: The same, with differences?*, Virulence, Ausg. 9 von 2018, S. 1625–1639, online: www.ncbi.nlm.nih.gov/pmc/articles/PMC7000196/

30 Lee I. H. und Mitarbeiter, *Dicynthaurin: an antimicrobial peptide from hemocytes of the solitary tunicate, Halocynthia aurantium*, Biochimica et Biophysica Acta, Ausg. 15 von August 2001, S. 141–148, online: https://pubmed.ncbi.nlm.nih.gov/11479030/

31 Lee H. und Mitarbeiter, Styelins, *Broad-Spectrum Antimicrobial Peptides from the Solitary Tunicate, Styela clava*, Comparative Biochemistry and Physiology Part B: Biochemistry and Molecular Biology, Ausg. 118 von 1997, S. 515–521, online: www.sciencedirect.com/science/article/abs/pii/S0305049197001090?via%3Dihub

32 Khalturin K. und Mitarbeiter, *Immune reactions in vertebrates' closest relatives, the Urochortades*, in: Gross H. J., Innate Immunity of Plants, Animals and Humans, S. 107, Springer, Berlin/Heidelberg, 2008

33 Föhse F. K. und Mitarbeiter, *The BNT162b2 mRNA vaccine against SARS-CoV-2 reprograms both adaptive and innate immune responses*, MedRXiv vom 06.05.2021, online: www.medrxiv.org/content/10.1101/2021.05.03.21256520v1 und

34 Englisches Originalzitat: »In conclusion, the mRNA BNT162b2 vaccine induces complex functional reprogramming of innate immune responses, which should be considered in the development and use of this new class of vaccines.« Ebenda

35 Bau M., *Reprogrammierung des Immunsystems?*, Correctiv vom 30.06.2021, online: https://correctiv.org/faktencheck/2021/06/30/reprogrammierung-des-immunsystems-clemens-arvay-fuehrt-mit-video-ueber-angebliche-impfstoff-langzeitfolgen-in-die-irre/

36 Brennan D., *What are Basophils?*, WebMD vom 08.04.2021, online: www.webmd.com/a-to-z-guides/what-are-basophils

37 Kim H. und Mitarbeiter, *Immune enhancing effects of Echinacea purpurea root extract by reducing regulatory T cell number and function*, in: Natural Product Communications, Vol. 9, Nr. 4 von 2014, S. 511–514, https://journals.sagepub.com/doi/pdf/10.1177/1934578X1400900422

38 Rauch S. und Mitarbeiter, *New vaccine technologies to combat outbreak situations*, Frontiers in Immunology vom 19.09.2018, online: www.frontiersin.org/articles/10.3389/fimmu.2018.01963/full

39 Maier Y., *Warum der Grippeimpfstoff 2009 eine Schlafstörung ausgelöst hat*, online: www.br.de/nachrichten/wissen/warum-der-grippe-impfstoff-2009-eine-schlafstoerung-ausgeloest-hat,SYzJdTU

40 Grifoni A. und Mitarbeiter, *Targets of T cell responses to SARS-COV-2 coronavirus in humans with COVID-19 disease and unexposed individuals*, Cell, Ausg. 181 vom 25.06.2020, S. 1489–1501, online: www.cell.com/action/showPdf?pii=S0092-8674(20)30610-3

41 Sette A. und Crotty S., *Pre-existing immunity to SARS-CoV-2: the knowns and unknowns*, Nature, Ausg. 20 vom 17.08.2020, S. 457–458, online: www.nature.com/articles/s41577-020-0389-z

42 Abela I. und Mitarbeiter, *Multifactorial seroprofiling dissects the contribution of pre-existing human coronaviruses responses to SARS-CoV-2 immunity*, Nature Communications, Ausg. 12 vom 28.11.2021, Artikel Nummer 6703, online: www.nature.com/articles/s41467-021-27040-x

43 *Science: Frühere Erkältungen verbessern Immunreaktion gegen SARS-COV-2*, Charité – Universitätsmedizin Berlin vom 31.08.2021, online: www.charite.de/service/pressemitteilung/artikel/detail/science_fruehere_erkaeltungen_verbessern_immunreaktion_gegen_sars_cov_2/

44 *Impfungen beim Vogel*, Tiermedizin-Portal, online: www.tiermedizinportal.de/therapie/impfungen-beim-vogel

45 Vollmar A. und Mitarbeiter, *Immunologie: Grundlagen und Wirkstoffe*, Wissenschaftliche Verlagsgesellschaft Stuttgart, 2013, S. 283

46 *Erste klinische Erfahrungen über die passive Immunisierung mit monoklonalen SARS-CoV-2-spezifischen Antikörpern bei Risikopatienten und -patientinnen in der frühen Phase einer SARS-CoV-2-Infektion*, RKI vom 14.10.2021, online: www.rki.de/DE/Content/Infekt/EpidBull/Archiv/2021/41/Art_01.html

47 Vollmar A. und Mitarbeiter, *Immunologie: Grundlagen und Wirkstoffe*, Wissenschaftliche Verlagsgesellschaft Stuttgart, 2013, S. 239

48 *Warum wirkte die Grippeimpfung in der vergangenen Saison so schlecht?*, Deutsche Apothekerzeitung vom 17.09.2018, online: www.deutsche-apotheker-zeitung.de/news/artikel/2018/09/14/warum-wirkte-die-grippeimpfung-im-letzten-jahr-so-schlecht

49 Kissling E. und Mitarbeiter, *Interim 2018/29 influenza vaccine effectiveness: six European studies, October 2018 to January 2019*, Eurosurveillance – Europe's journal of infectious diseases surveillance, epidemiology, prevention and control, Ausg. 24 vom Februar 2019, Artikel Nummer 8, online: https://pubmed.ncbi.nlm.nih.gov/30808440/

50 Virologe Streeck: *Wir erreichen mit diesen Impfstoffen keine Herdenimmunität*, Redaktionsnetzwerk Deutschland vom 22.07.2021, online: https://www.rnd.de/gesundheit/virologe-hendrik-streeck-wir-erreichen-mit-diesen-impfstoffen-keine-herdenimmunitaet-42ZY777OCR-FXBEVG5KJYGONI4I.html

51 Arvay C., *Wir können es besser: Wie Umweltzerstörung die Corona-Pandemie auslöste und warum ökologische Medizin unsere Rettung ist*, S. 168, Quadriga/Bastei Lübbe, Köln, 2020

52 Arvay C., *Corona-Impfstoffe: Rettung oder Risiko?*, Quadriga/Bastei Lübbe, Köln, 2021

53 Brown C. M. und Mitarbeiter, *Outbreak of SARS-CoV-2 infections, including COVID-19 vaccine breakthrough infections, associated with large public gatherings – Barnstable County, Massachusetts, Juli 2021*, CDC Morbidity and Mortality Weekly Report vom 06.08.2021, online: www.cdc.gov/mmwr/volumes/70/wr/mm7031e2.htm

54 Riemersma K. K., *Shedding of infectious SARS-CoV-2 despite vaccination when the delta variant is prevalent* – Wisconsin, July 2021 (Preprint), MedRXiv vom 11.08.2021, online: www.medrxiv.org/content/10.1101/2021.07.31.21261387v3

55 Englisches Originalzitat: »As this field continues to develop, clinicians and public health practitioners should consider vaccinated persons who become infected with SARS-CoV-2 to be no less infectious than unvaccinated persons. These findings are critically important, especially in congregate settings where viral transmission can lead to large outbreaks.« Salvatore P. P. und Mitarbeiter, *Transmission potential of vaccinated and unvaccinated persons infected with the SARS-CoV-2 Delta variant in a federal prison, July—August 2021*, MedRXiv vom 19.11.2021, DOI 10.1101/2021.11.12.21265796, online: www.medrxiv.org/content/10.1101/2021.11.12.21265796v1#disqus_thread

56 Shamier, M. C. und Mitarbeiter: *Virological characteristics of SARS-CoV-2 vaccine breakthrough infections in health care workers*, MedRXiv vom 21.08.2021, online: https://www.medrxiv.org/content/10.1101/2021.08.20.21262158v1

und
Singanayagam A. und Mitarbeiter, *Community transmission and viral load kinetics of the SARS-CoV-2 delta (B.1.617.2) variant in vaccinated and unvaccinated individuals in the UK: a prospective, longitudinal, cohort study*, The Lancet vom 29.10.2021, online: https://www.thelancet.com/journals/laninf/article/PIIS1473-3099(21)00648-4/fulltext

57 Englisches Originalzitat: »Then it means we will need to get vaccinated every four months, and that's not the goal.« Somfalvi A., *Effects of 4th COVID shot are good, but not enough, Israeli health expert says*, YNet vom 05.01.2022, online: https://www.ynetnews.com/health_science/article/b1qndzqnk

58 Klein O., *EMA warnt vor zu häufigem Boostern*, ZDF vom 13.02.2022, online: www.zdf.de/nachrichten/politik/corona-booster-impfungen-warnung-ema-100.html

59 *Booster-Kampagnen werden Omikron nicht stoppen – im Gegenteil, warnt WHO*, Euronews vom 23.12.2021, online: https://de.euronews.com/2021/12/23/booster-kampagnen-werden-omikron-nicht-stoppen-im-gegenteil-warnt-who

60 Schäfer K., *Corona-Impfstoffe: WHO fordert Stopp der Booster-Impfungen in reichen Ländern*, Frankfurter Rundschau vom 23.12.2021, online: www.fr.de/panorama/corona-who-booster-impfung-pandemie-kritik-auffrischung-impfstoff-91198671.html

61 Jiang S., *Don't rush to develop COVID-19 vaccines and drugs without sufficient safety guarantees*, Nature vom 16.03.2020, online: www.nature.com/articles/d41586-020-00751-9
Englisches Originalzitat: »The virus behind COVID-19 might well mutate in ways that would make previously effective vaccines and antivirals useless. Therefore, any regulatory agency considering ways to accelerate treatments into testing should also weigh up how likely these drugs are to work beyond this particular coronavirus.«

62 *BOKU entwickelt neuen Ansatz für einen Impfstoff gegen COVID-19*, Universität für Bodenkultur vom 12.08.2020, online: https://boku.ac.at/universitaetsleitung/rektorat/stabsstellen/oeffentlichkeitsarbeit/themen/presseaussendungen/presseaussendungen-2020/12082020-boku-entwickelt-neuen-ansatz-fuer-impfstoff-gegen-covid-19

63 *Was bedeuten Mutationen bei Influenzaviren?*, Robert Koch-Institut vom 25.09.2021, online: www.rki.de/SharedDocs/FAQ/Influenza/FAQ21.html

64 Yahi N. und Mitarbeiter, *Infection-enhancing anti-SARS-CoV-2 antibodies recognize both the original Wuhan/D614G strain and Delta variants. A potential risk for mass vaccination?*, Journal of Infection, Ausg. 83 vom November 2021, S. 607–635, online: https://pubmed.ncbi.nlm.nih.gov/34384810/ und Sánchez-Zuno G. A. und Mitarbeiter, *A review: Antibody-dependent enhancement in COVID-19: The not so friendly side of antibodies*, International Journal of Immunopathology and Pharmacology von 10.10.2021, DOI 10.1177/20587384211050199, online: https://journals.sagepub.com/doi/full/10.1177/20587384211050199

65 Begon M. und Mitarbeiter, *Ökologie*, S. 4–5, Springer Spektrum, New York/Heidelberg, 2017

66 Sheldon B. C. und Verhulst S., *Ecological immunology: costly parasite defences and trade-offs in evolutionary ecology, Trends in Ecology and Evolution*, Ausg. 11, Artikel Nummer 8 von August 1996, S. 317–321, online nicht verfügbar

67 Whiteman J. P., *Heightened immune system function in polar bears using terrestrial habitats*, Physiological and Biochemical Zoology, Ausg. 92, Artikel Nummer 1 von Januar–Februar 2019, S. 1–11, online: https://pubmed.ncbi.nlm.nih.gov/30403916/

68 O'Neal D. und Ketterson E. D., *Life-history evolution, hormones, and avian immune function*, in: Demas G. E. und Nelson R. J., Ecoimmunology, S. 7–44, Oxford University Press, New York, 2012

69 Newman A. E. und Mitarbeiter, *Corticosterone and Dehydroepiandrosterone Have Opposing Effects on Adult Neuroplasticity in the Avian Song Control System*, The Journal of Comparative Neurology, Ausg. 518 von 2010, S. 3662–3678, online: https://neuroscience.gradstudies.yorku.ca/files/2012/11/macdougall.pdf

70 Mohamed M. A. und Hanson R. P., *Effect of social stress on Newcastle Disease virus (LaSota) infection, Avian Diseases*, Ausg. 24 von Okt.–Dez. 1980, Artikel Nummer 4, S. 908–915, nicht online verfügbar

71 Han H. und Mitarbeiter, *Evidence for zoonotic origins of middle east respiratory syndrome coronavirus*, in: Journal of General Virology, Ausg. 97 von 2020, S. 274–280, www.ncbi.nlm.nih.gov/pmc/articles/PMC7087374/

72 Buechler K. und Mitarbeiter, *Parasite-induced maternal response in a natural bird population*, Journal of Animal Ecology, Ausg. 71 von 2002, S. 247–252, online nicht verfügbar

73 Merlot A. und Mitarbeiter, *Prenatal stress, immunity and neonatal health in farm animal species*, Animal: An International Journal of Animal Bioscience, Ausg. 12 vom 07.12.2013, S. 2016–2025, online: https://pubmed.ncbi.nlm.nih.gov/23915487/

74 Hartmann A. M. und Mitarbeiter, *Sustained Ranavirus outbreak causes mass-mortality and morbidity in imperiled amphibians*, BioRXiv vom 15.10.2021, online: www.biorxiv.org/content/10.1101/2021.10.15.464511v1

75 Seynsche M., *Amphibiensterben: Aggressive Ranaviren im spanischen Nationalpark Picos de Europa*, Deutsche Welle vom 17.10.2014, online: www.deutschlandfunk.de/amphibiensterben-aggressive-ranaviren-im-spanischen-100.html

76 Price S. J. und Mitarbeiter, *Effects of historic and projected climate change on the range and impacts of an emerging wildlife disease*, Global Change Biology, Ausg. 8 vom 25.10.2019, 2648–2660, online: https://pubmed.ncbi.nlm.nih.gov/31074105/

77 Rollins-Smith L. A. und Woodhams D. C., *Amphibian Immunity*, in: Demas G. E. und Nelson R. J., Ecoimmunology, S. 92–143, Oxford University Press, New York, 2012

78 Jalke J. B. und Mitarbeiter, *Amphibian skin may select for rare environmental microbes*, Nature – ISME The Journal, Ausg. 8 vom 23.05.2014, S. 2207–2217, online: www.nature.com/articles/ismej201477

79 Relyea R. A., *The lethal impacts of Roundup and predatory stress on six species of North American tadpoles*, Archives of Environmental Contamination and Toxicology, Ausg. 48 von 2005, S. 351–357, online: www.biology.pitt.edu/sites/default/files/facilities-images/Relyea180.pdf

80 Kiesecker J. M., *Synergism between trematode infection and pesticide exposure: a link to amphibian limb deformities in nature?*, Proceedings of the National Academy of Sciences of the United States of America, Ausg. 99 von 2002, S. 9900–9904, online nicht verfügbar

81 Relyea R. A. und Mills N., *Predator-induced stress makes the pesticide carbaryl more deadly to gray treefrog tadpoles*, Proceedings of the National Academy of Sciences of the United States of America, Ausg. 98 von 2001, S. 2491–2496, online nicht verfügbar

82 Coe C. L., *Psychosocial factors and immunity in nonhuman primates: a review*, Psychosomatic Medicine, Ausg. 55, Artikel Nummer 3 von Mai–Juni 1993, S. 298–308, online nicht verfügbar. Englisches Originalzitat: »These studies have demonstrated that the formation and disruption of social relationships should be viewed as significant psychobiological events with many immunologic sequelae, especially for the young monkey.«

83 Coe T. und Mitarbeiter, *Psychological factors capable of preventing the inhibition of antibody responses in separated primate infants*, Child Development, Ausg. 58 von 1987, S. 1420–1430, online nicht verfügbar

84 Veith R. C. und Mitarbeiter, *Sympathetic nervous system activity in major depression. Basal and desipramine-induced alterations in plasma norepinephrine kinetics*, Archives of General Psychiatry, Ausg. 51, Artikel Nummer 5 vom Mai 1994, S. 411–422, online: https://pubmed.ncbi.nlm.nih.gov/8179465/

85 Ulrich R., *View through a Window may influence Recovery from Surgery*, Science, Ausg. 224 vom 27.4.1984, S. 420 ff, American Association for the Advancement of Science

86 Ulrich R., *Natural versus urban scenes: some psycho-physiological effects*, Environment and Behavior, Ausg. 13 von 1981, S. 523–556, online: https://journals.sagepub.com/doi/10.1177/0013916581135001

87 Ashley N. T. und Wingfield J. C., *Sickness Behavior in Vertebrates*, in: Demas G. E. und Nelson R. J., Ecoimmunology, S. 45–91, Oxford University Press, New York, 2012

88 *FSME-Risikogebiete in Deutschland, Deutsches Zecken-Infoportal*, Daten des Robert Koch-Instituts (RKI) online: www.zecken.de/de/fsmerisikogebiete-deutschland

89 Lindgren E. und Jaenson T., *Lyme borreliosis in europe – influences of Climate and climate change: epidemiology, ecology and adaptation measures*, World Health Organization (WHO), 2016, Copenhagen, online nicht verfügbar

90 Sharp P. und Hahn B., *Origins of HIV and the AIDS pandemic*, in: Cold Spring Harbor Perspectives in Medicine, Ausg. 1, Artikel Nummer 1, von 2011, online: www.ncbi.nlm.nih.gov/pmc/articles/PMC3234451/

91 Olivero J. und Mitarbeiter, *Recent loss of closed forests is associated with Ebola virus disease outbreaks*, in: Scientific Reports, Ausg. 7, Artikel Nummer 14291, von 2017, online: www.ncbi.nlm.nih.gov/pmc/articles/PMC5662765/

92 Bloomfield L., McIntosh T. und Lambin E.: *Habitat fragmentation, livelihood behaviors, and contact between people and nonhuman primates in Africa.* In: *Landscape Ecology*. Ausg. 35. Von April 2020, S. 985–1000, Springer, Heidelberg/New York, online: https://link.springer.com/article/10.1007/s10980-020-00995-w

93 Hirt N. und Body-Malapel M., *Immunotoxicity and intestinal effects of nano- and microplastics: a review of the literature*, in: Particle and Fiber Toxicology, Ausg. 17, Artikel Nummer 57 von 2020, online: https://particleandfibretoxicology.biomedcentral.com/articles/10.1186/s12989-020-00387-7

94 Croft D. und Mitarbeiter, *The association between respiratory infection and air pollution in the setting of air quality policy and economic change*, in: Annals of the American Thorax Society, Ausg. 16, Artikel Nummer 3 von 2019, S. 321–330, online: www.ncbi.nlm.nih.gov/pmc/articles/PMC6394122/

95 Haim A. und Portnov B., *Light Pollution as a New Risk Factor for Human Breast and Prostate Cancers*, S. 105–144, Springer, New York/Heidelberg, 2013.

96 Roe J. und Mitarbeiter, *Engaging the brain: the impact of natural versus urban scenes using novel EEG methods in an experimental setting*, Environmental Sciences, Ausg. 1 von 2013, S. 93–104, online: www.m-hikari.com/es/es2013/es1-4-2013/roeES1-4-2013.pdf

97 Kim T.-H. und Mitarbeiter, *Human brain activation in response to visual stimulation with rural and urban scenery pictures: a functional magnetic imaging study*, Science of the Total Environment, Ausg. 408 von 2010, S. 2600–2607, online: https://www.sciencedirect.com/science/article/pii/0048969710001695

98 Hartl A., *Krimmler Wasserfälle – Therapie von Asthma bronchiale*, Paracelsus Medizinische Privatuniversität Salzburg von 2010, online: www.wasserfalltherapie.at/docs/2010_pmu-studie.pdf

99 Schuh A. und Novak D., *Klimatherapie im Hochgebirge und im Meeresklima*, Deutsche Medizinische Wochenschrift, Ausg. 136 von 2011, S. 135–139, Artikel Nummer 4, online: www.thieme-connect.com/products/ejournals/abstract/10.1055/s-0031-1272496

100 *Neurodermitis oder atopisches Ekzem – Was ist das?*, Allergieinformationsdienst, online: www.allergieinformationsdienst.de/krankheitsbilder/neurodermitis/grundlagen.html

101 Fieten K. und Mitarbeiter, *Effectiveness of alpine climate treatment for children with difficult to treat atopic dermatitis: Results of a pragmatic randomized controlled trial (DAVOS trial)*, Clinical and Experimental Allergy, Ausg. 48 von 2017, S. 186–195, online: www.ncbi.nlm.nih.gov/pubmed/29121432

102 Heeringa J. und Mitarbeiter, *Treatment for moderate to severe atopic dermatitis in alpine and moderate maritime climates differentially affects helper T cells and memory B cells in children*, Clinical Experimental Allergy, Ausg. 48 von 2018, S. 679–690, online: www.ncbi.nlm.nih.gov/pubmed/29575251

103 Engst R. und Vocks E., *Hochgebirgsklimatherapie bei Dermatosen und Allergien – Wirkmechanismen, Ergebnisse und Einflüsse auf immunologische Parameter*, Rehabilitation, Ausg. 39 von 2000, S. 215–222, online: www.thieme-connect.com/products/ejournals/abstract/10.1055/s-2000-5897

104 Alvarez S. D., *Health Check: why swimming in the sea is good for you*, The Conversation von 25.12.2016, online: https://theconversation.com/health-check-why-swimming-in-the-sea-is-good-for-you-68583

105 Gutenbrunner C. und Hildebrandt G., *Handbuch der Balneologie und medizinischen Klimatologie*, S. 187–476, Springer, Berlin/Heidelberg, 1998

106 Fussi A., *Biologe und Bestsellerautor Arvay im NÖN-Gespräch*, Niederösterreichische Nachrichten vom 09.06.2021, online: www.noen.at/baden/baden-biologe-und-bestsellerautor-arvay-im-noen-gespraech-baden-biologe-autor-noen-gespraech-print-280350628

107 Qing L. und Mitarbeiter, *Visiting a forest, but not a city, increases human natural killer activity and expression of anti-cancer proteins*, International Journal of Immunopathology and Pharmacology, Ausg. 21 von 2008, S. 117–127, online: www.ncbi.nlm.nih.gov/pubmed/18336737

108 Qing L. und Mitarbeiter, *Phytoncides (Wood Essential Oils) induce human natural killer cell activity*, in: Immunopharmacology and Immunotoxicology, Ausg. 28 von 2006, S. 319–333, online: www.ncbi.nlm.nih.gov/pubmed/16873099

109 Krawinkel M. B., *Interaction of nutrition and infections globally: an overview*, Annuals of Nutrition and Metabolism, Ausg. 61 von 2012, Anhang 1, S. 39–45, online: https://pubmed.ncbi.nlm.nih.gov/23343946/

110 Sullivan B., *Microbes in your gut may be new recruits in the fight against viruses*, National Geographic vom 13.04.2021, online: www.nationalgeographic.com/science/article/microbes-in-your-gut-may-be-new-recruits-in-the-fight-against-viruses

111 Sencio V. und Mitarbeiter, *The lung-gut axis during viral respiratory infections: the impact of gut dysbiosis on secondary disease outcomes*, Nature, Mucosal Immunology, Ausg. 14 von 2021, S. 296–304, online: www.nature.com/articles/s41385-020-00361-8

112 Kim H. und Mitarbeiter, *Plant-based diets, pescatarian diets and COVID-19 severity: a population-based case-control study in six countries*, British Medical Journal, Nutrition Prevention and Health, Ausg. 4 von Juni 2021, online: https://nutrition.bmj.com/content/early/2021/05/18/bmjnph-2021-000272

113 *Soil Bacteria can boost Immune System*, NBC News vom 13.04.2017, online: http://www.nbcnews.com/id/18082129/ns/health-live-science/t/soil-bacteria-can-boost-immune-system/#.WaWBHNF8uM8

114 Yang X. und Mitarbeiter, *Mycobacterium vaccae as Adjuvant Therapy to Anti-Tuberculosis Chemotherapy in never-treated Tuberculosis Patients: A Meta-Analysis*, PLOS one – A Peer Reviewed Open Access Journal, Ausg. 6 von 2011, online: https://www.ncbi.nlm.nih.gov/pmc/articles/PMC3167806/ und Yang X. und Mitarbeiter, *Mycobacterium vaccae Vaccine to prevent Tuberculosis in High Risk People: A Meta-Analysis*, The Journal of Infection, Ausg. 60 von Mai 2010, S. 320–330, online: https://www.ncbi.nlm.nih.gov/pubmed/20156481

115 Matthews D. M. und Jenks S., *Ingestion of Mycobacterium vaccae decreases anxiety-related behavior and improves learning in mice*, Behavioural Processes, Ausg. 96 vom Juni 2013, S. 27–25, online: https://linkinghub.elsevier.com/retrieve/pii/S0376635713000296

116 Rook G., wiedergegeben von Harry Dayantis, in: *Bacterial Immunization prevents PTSD-like symptoms in mice*, UCL Online, London's Global University vom 17.05.2016, online: http://www.ucl.ac.uk/news/news-articles/0516/170516-bacteria-prevent-ptsd

117 Dayantis H., *Bacterial Immunization prevents PTSD-like symptoms in mice*, UCL Online, London's Global University vom 17.05.2016, online: http://www.ucl.ac.uk/news/news-articles/0516/170516-bacteria-prevent-ptsd

118 Bartens W., *Stress führt zu Entzündungen im Körper, ganz ohne Keime*, Süddeutsche Zeitung vom 13.01.2017, online: www.sueddeutsche.de/gesundheit/medizin-stress-fuehrt-zu-entzuendungen-im-koerper-ganz-ohne-keime-1.3330430

119 Segerstrom S. C. und Miller G. E., *Psychological Stress and the Human Immune System: A Meta-Analytic Study of 30 Years of Inquiry*, Psychological Bulletin, Ausg. 130 von Juli 2004, online: www.ncbi.nlm.nih.gov/pmc/articles/PMC1361287/

120 Wang Y. und Mitarbeiter, *Preexisting Mental Disorders Increase the Risk of COVID-19 Infection and Associated Mortality*, Frontiers of Public Health vom 09.08.2021, online: www.frontiersin.org/articles/10.3389/fpubh.2021.684112/full

Register